Die römische Villa rustica von Möckenlohe
und die römische Landwirtschaft in Bayern

Archäologie in Bayern

Hg. von Prof. Dr. Thomas Fischer,
Prof. Dr. Bernd Päffgen, 1. Vorsitzender der
Gesellschaft für Archäologie in Bayern,
und Dr. Karl Heinz Rieder

Dieses Projekt wurde gefördert durch

Dr. Stephan Fischer (Weilheim)
Gemeinde Adelschlag
Landratsamt Eichstätt
Verein für Heimatpflege im Schuttergäu

Gesellschaft für Archäologie in Bayern e. V.

Thomas Fischer

DIE RÖMISCHE VILLA RUSTICA VON MÖCKENLOHE

UND DIE RÖMISCHE LANDWIRTSCHAFT IN BAYERN

Ein Führer

Verlag Friedrich Pustet
Regensburg

Bibliografische Information der Deutschen Nationalbibliothek
Die Deutsche Nationalbibliothek verzeichnet diese Publikation in der Deutschen Nationalbibliografie; detaillierte bibliografische Daten sind im Internet über http://dnb.dnb.de abrufbar.

ISBN 978-3-7917-2865-0

Umschlagmotive vorne: Hauptmotiv: Ansicht der rekonstruierten Villa von Möckenlohe (Foto: Th. Fischer); Bildleiste (v. l. n. r.): Münzportrait des Kaisers Hadrian (Foto: A. Pangerl), Rekonstruktionszeichnung einer Villa rustica (Oberndorf am Lech; nach Czysz), Schädel ermordeter Römer aus Brunnen einer Villa rustica (Regensburg-Harting; nach Dietz/Fischer), Steinkeller mit Eingang während der Ausgrabung (nach Schaflitzl), Münzportrait des Kaisers Valerian I. (Foto: A. Pangerl); Umschlagmotiv hinten; Raum VII, als Küche rekonstruierter Innenraum (Foto: R. Hager.)
Übersichtskarte in vordere Klappe: Ausschnitt aus der Karte „Obergermanisch-Raetischer Limes in Bayern", hg. von: Deutsche Limeskommission, Verein Deutsche Limesstraße, Bayerisches Landesamt für Denkmalpflege, Landesvermessungsamt Baden-Württemberg (© Geodatenbasis: Bayerische Vermessungsverwaltung)
Reihen-/Umschlaggestaltung und Layout: Heike Jörss, Regensburg
Druck und Bindung: Friedrich Pustet, Regensburg
Printed in Germany 2017

Weitere Publikationen aus unserem Programm
finden Sie auf www.verlag-pustet.de
Kontakt und Bestellungen unter verlag@pustet.de

INHALT

VORWORT

„Nichts ist besser als die Landwirtschaft, nichts schöner, nichts angenehmer, nichts eines freien Mannes würdiger“
(Cicero, de off. I 42, 181)

Diese Worte des M. Tullius Cicero, eines Angehörigen der staatstragenden römischen Senatsaristokratie, spiegeln das hohe Ansehen, das die römische Landwirtschaft in der Zeit der ausgehenden Republik im 1. Jh. v. Chr. genoss, klar und deutlich wider. Die Landwirtschaft, in der damals der überwiegende Teil der Bevölkerung des römischen Reiches beschäftigt gewesen sein dürfte, war ein wesentlicher Grundpfeiler der römischen Volkswirtschaft. Cicero spricht so die Grundeinstellung seiner Standesgenossen im Senat aus, die ihr Haupteinkommen aus der Bewirtschaftung von umfangreichen Ländereien bezogen, da ihnen Handel und Gewerbe untersagt waren. Doch Cicero und die anderen Großgrundbesitzer aus dem Senat waren weit davon entfernt, die harte Realität der Landarbeit aus eigener Erfahrung zu kennen. Sie sahen die Dinge aus der Sicht eines Landadels, der seinen Großgrundbesitz von Verwaltern und Pächtern bewirtschaften ließ, die mit dem Einsatz von Sklavenarbeit in möglichst gewinnbringenden Monokulturen v. a. Olivenöl und Wein produzierten, während man Getreide zum großen Teil aus Nordafrika und Ägypten importierte. Auf den großen Landgütern, die in weiten Gebieten die kleinbäuerliche Landwirtschaft verdrängt hatten, gab es neben den für Landbau und Viehzucht nötigen Bauten und Einrichtungen auch ein palastartiges Wohngebäude für den Gutsherrn und seine Familie, das in landschaftlich hervorragender Lage angelegt und mit üppigen Parks und Gärten umgeben war. Hier verbrachten die vornehmen römischen Familien ihre Mußestunden, wenn ihnen das Getriebe der Stadt und der Geschäfte dazu Zeit ließ.

Dieses oft idealisierte Bild vom Landleben der römischen Oberschicht Italiens, das die Forschung aufgrund vielfältiger schriftlicher und archäologischer Überlieferung gezeichnet hat und das oft die Vorstellungen vom Leben auf dem Lande in römischer Zeit prägte, sollte man nicht unbesehen auf die wesentlich bescheideneren Verhältnisse in den nördlichen Provinzen an Rhein und Donau sowie im römischen Bayern übertragen. Dies gilt auch für die antiken Agrarschriftsteller, die primär von italischen Verhältnissen ausgingen und deren Werke nicht als Handbücher für Landwirtschaft zum Gebrauch in den römischen Provinzen nördlich der Alpen misszuverstehen sind.

Ebenso wie in Italien prägten zwar Einzelhöfe (Villae rusticae) und keine Bauerndörfer die Agrarlandschaft nördlich der Alpen, aber diese Villen fielen viel bescheidener aus als die großen Landpaläste Italiens. Inzwischen haben die Archäologen in Bayern zahlreiche dieser Villen durch Ausgrabungen und Luftbildbefunde entdeckt und erforscht. Bei keiner einzigen dieser Anlagen war Mauerwerk oberirdisch erhalten, es fanden sich nur die Fundamentmauern, welche der Steinraub der nachrömischen Zeiten übrig gelassen hatte. Einige dieser Fundamente sind nach der Ausgrabung auch konserviert und sichtbar gemacht worden. Doch nur eine einzige Villa der Römerzeit in Bayern wurde durch private Initiative in wesentlichen Teilen nach der Ausgrabung wieder in Teilen aufgebaut und als Museum eingerichtet: die Villa rustica von Möckenlohe (Gde. Adelschlag, Lkr. Eichstätt).

Das Buch aus der Reihe „Archäologie in Bayern“ verfolgt zwei Intentionen: Zum einen präsentiert es als handlicher Führer Lage, Aussehen und Geschichte der rekonstruierten Villa von Möckenlohe. Es will aber darüber hinaus allgemeine Informationen zur römischen Landwirtschaft in Bayern liefern, so zu Bauweise und Geschichte der römischen Bauernhöfe einschließlich Spezialbauten, wie Getreidedarren und Mühlen. Auch die Herkunft und Lebensweise ihrer Bewohner wird beschrieben. Ebenso geht dieses Büchlein auf die damals angebauten Kulturpflanzen und die Haustiere der Römerzeit ein; ferner werden die damals verwendeten Agrartechniken und Geräte dargestellt. Und schließlich wird auch der Frage nachgegangen, wer die Abnehmer der in den *villae rusticae* erzeugten Produkte waren und wie diese zu den Konsumenten gelangten. Nur durch diese überregionale Betrachtungsweise kann man manche Fragen beantworten können, die sich bei einer Fundstelle wie Möckenlohe stellen.

Mit dieser Arbeit bin ich an die Anfänge meiner wissenschaftlichen Laufbahn zurückgekehrt, die mit meiner im Sommersemester 1978 in München eingereichten Dissertation „Das Umland des römischen Regensburg“ begonnen hat. Es hat nach fast 40 Jahren Spaß gemacht, mich wieder mit dem Thema der römischen Landwirtschaft in Bayern intensiv zu beschäftigen. Es ist doch seither Einiges in der Forschung passiert und es wird einem klar, wie viel bei diesem Thema nur durch Aufarbeitung bereits bekannter Fundstellen und Funde noch zu machen wäre.

Es ist mir eine angenehme Pflicht, für vielfältige Hilfe an diesem Büchlein zu danken: Mein Kollege Prof. Dr. Wolfgang Czysz war ein unermüdlicher Diskussionspartner. Rudi Hager stellte uneigennützig Fotos, v. a. Luftbilder, zur Verfügung, Dr. Andreas Pangerl Fotos von Münzen und des Ortbandes, Abb. 34d. Meinem Mainburger Nachbarn Dr. Marcus Junkelmann danke ich für vielerlei Rat betreffend den römischen Gemüsegarten. Besonderen Dank schulde ich meinem Freund und Kollegen Dr. Karl Heinz Rieder, der dieses Buch angeregt, stets beraten und mit umfangreicher Hilfe bis hin zur Bildbeschaffung begleitet hat. Andreas Schaflitzl M. A., der wissenschaftliche Bearbeiter von Möckenlohe, hat mir Texte und Abbildungen zur Verfügung gestellt und viele Fragen beantwortet. Und schließlich danke ich meiner Frau für Hinweise und das Korrekturlesen.

Es war, wie immer, eine Freude, mit den Damen des Verlags Friedrich Pustet zusammenzuarbeiten: mit Christiane Abspacher M. A., die das Buch redaktionell betreut hat, und mit Sabine Karlstetter, die für das Aussehen des Büchleins Sorge trug.

Mainburg, im Januar 2017

Prof. Dr. Thomas Fischer

I DIE RÖMISCHE VILLA RUSTICA VON MÖCKENLOHE

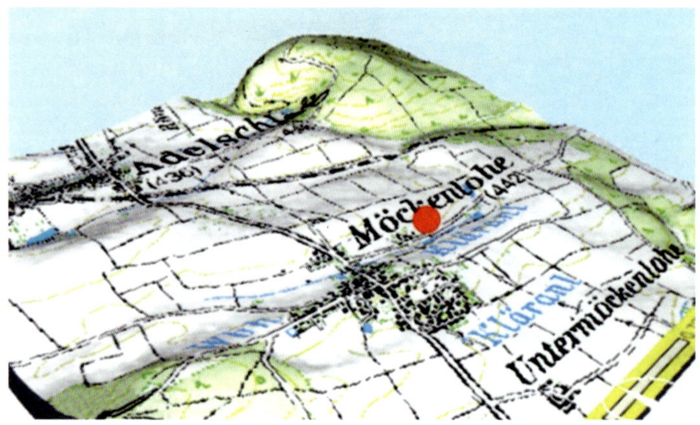

Abb. 1: Lage der Villa rustica von Möckenlohe (Schrägansicht von Südwesten) auf dreifach überhöhtem Geländeprofil. Nach Schaflitzl.

HINTERGRUND

Lage

Die Überreste der römischen Villa rustica von Möckenlohe liegen inmitten von seit dem Mittelalter intensiv bestellten Feldern an einem sanft ansteigenden Südhang. Vor den Gebäuderesten verläuft in ost-westlicher Richtung ein Tälchen auf einer Höhe von 433 m ü. N. N. Dieses dürfte schon in der Antike, wie heute auch noch, von einem kleinen Bach durchflossen gewesen sein (Abb. 1). Das heute rekonstruierte Hauptgebäude des römischen Gutshofes besitzt eine repräsentative Front mit Eingang und Säulenhalle *(porticus)*, welche talseitig ausgerichtet ist (Abb. 2). Von dort aus kann man das südlich abfallende Tal und große Teile des Hofbereiches überblicken. Der Gutshof liegt im Bereich

Abb. 2: Ansicht der rekonstruierten Villa von Möckenlohe von Südwesten. Foto: R. Hager.

fruchtbarer Lößböden, die im Norden durch Alblehm überdeckt werden. Eine bewusst gewählte Hanglage mit trockenem Ökotop auf fruchtbaren Böden oberhalb des Hofes und Feuchtökotop mit einem kleinen Fließgewässer unterhalb der Villa als Weidegrund ist typisch für römische Gutshöfe in unseren Breiten. In ca. 500 m Entfernung westlich des Hofes verlief die römische Straße, die vom ca. 3 km südlich gelegenen zivilen Zentralort *Vicus Scuttarensium* / Nassenfels zum Kastell *Vetoniana* / Pfünz in ca. 7 km Entfernung führte. So war der Gutshof, ebenso wie die Villen der Umgebung (Abb. 3), optimal an die hauptsächlichen Absatzmärkte angebunden, die seine landwirtschaftlichen Produkte abnahmen: die Soldaten der Grenzgarnisonen am Limes und die Händler, Handwerker und sonstigen Bewohner der zivilen und militärischen Vici. Eine verkehrstechnisch ähnlich günstige Lage besaßen auch viele andere Villen der Region; sie ist ganz typisch für römische Gutshöfe im Grenzgebiet.

Man erreicht das wieder aufgebaute und als Museum gestaltete Hauptgebäude der Villa von Möckenlohe über Neuburg a. d. Donau, Ingolstadt und Eichstätt: Von Neuburg über Nassenfels in Richtung Eichstätt folgt man nördlich des Ortes dem Hinweisschild nach Osten (rechts). Von Eichstätt bzw. Ingolstadt auf der B 13 biegt man bei Pietenfeld auf die nach Süden abzweigende Straße nach Nassenfels – Neuburg a. d. Donau ab. Vor (nördlich von) Möckenlohe folgt man dann dem Hinweisschild nach links.

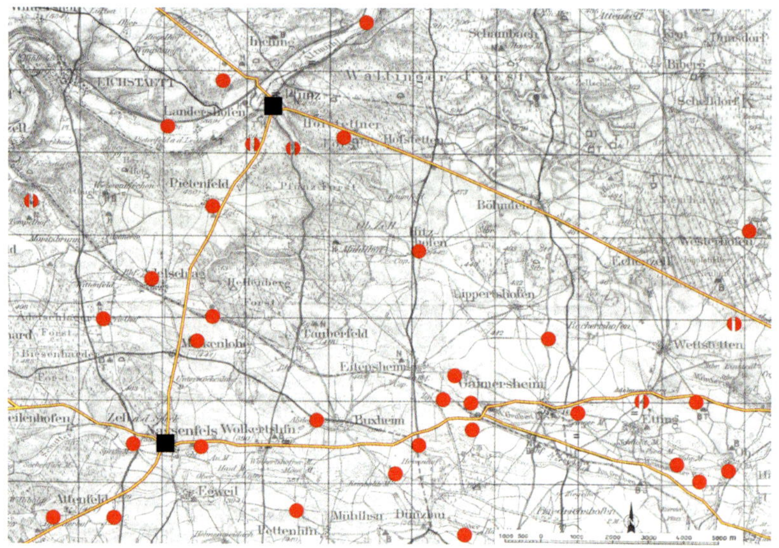

Abb. 3: Lage römischer Fundstellen im Umkreis von Möckenlohe: Schwarze Rechtecke: Kastelle und Vici; Römerstraßen: gelb, rote Punkte: Villen. Nach Schaflitzl.

Forschungsgeschichte

Als römische Siedlungsstelle ist die Villa von Möckenlohe schon seit längerem bekannt. Zu Beginn des 20. Jhs. vermerkte der Limesforscher Friedrich Winkelmann in seinem Katalog zu den Sammlungen in Eichstätt: „nordöstl. Möckenlohe im Acker Pl. Nr. 337a Mauerreste, daraus römische Scherben, im Museum Eichstätt". In der Folgezeit aber blieb es still um die Fundstelle. Erst im Jahr 1963 wurden beim Bau des Aussiedlerhofes von Michael Donabauer Reste von alten Steinfundamenten aufgedeckt. Dies wurde nicht, wie leider sonst oft üblich, vertuscht. Vielmehr setzte diese Entdeckung eine ganz außergewöhnliche Entwicklung in Gang: Der Bauherr meldete die Funde der Denkmalpflege und schüttete die Stelle wieder zu, um sie vor Zerstörung und Beraubung zu schützen. Das Geheimnis der Mauer wurde bald geklärt: Im Jahr 1983 konnte Rudolf Hager um die Fundstelle erstmalig das Hauptgebäude einer römischen Villa rustica im Luftbild fassen (Abb. 4). In der Folgezeit wurden dann auch Teile der Hofmauer und der Nebengebäude dokumentiert.

Abb. 4: Die Villa vor der Ausgrabung im Luftbild. Foto: R. Hager.

M. Donabauer, dem Eigentümer der Villa, ließ sein brennendes Interesse an der römischen Vergangenheit seines Hofes keine Ruhe: Mit der ihm eigenen Beharrlichkeit gründete er einen Verein Römervilla e. V. mit dem klaren Ziel, das Hauptgebäude archäologisch zu untersuchen und anschließend zu rekonstruieren.

Dies führte schließlich zum Erfolg: In den Jahren 1987 und 1989 legte das Bayerische Landesamt für Denkmalpflege die durch den Ackerbau stets gefährdeten Reste des Hauptgebäudes frei. Der Wiederaufbau des Hauptgebäudes mit privaten und öffentlichen Mitteln begann 1988 und dauerte bis 1990. Drei Jahre später wurden in der rekonstruierten Villa Museumsräume mit Vitrinen einer Auswahl der vor Ort geborgenen Funde eingerichtet. Es ist ein großer Glücksfall, dass bald nach dem Ende der Grabungen Andreas A. Schaflitzl seine Passauer Magisterarbeit von 2008 über die Villa abfasste. Er hatte direkten Kontakt zu den örtlichen Grabungsleitern und so gab es kaum „Reibungsverluste" zwischen Ausgrabung und wissenschaftlicher Bearbeitung. Auf die Drucklegung dieser Arbeit von 2012 konnte ich mich auch hauptsächlich bei der Abfassung dieses Führers stützen. Heutzutage präsentiert sich die Villa mit einem kleinen „römischen" Haustierpark und den jährlichen Römerfesten als ein überregional bekanntes und lebendiges Museum, das einem breiten Publikum vermittelt, wie vor fast 2000 Jahren Landwirtschaft betrieben wurde.

Abb. 5: Die Villa während der Ausgrabung im Luftbild. Foto: R. Hager.

Ausgrabung

Die Grabungen in Möckenlohe durch das Bayer. Landesamt für Denkmalpflege wurden systematisch angegangen: Zu Beginn wurde das Areal in ein quadratisches Raster (Abb. 5) eingeteilt. Die Seitenlängen der einzelnen Quadranten betrugen 5 x 5 m. Abtiefungen erfolgten in Form von Abstichen, die jeweils spatentief (etwa 20 cm) angelegt wurden. In der Regel wurden zwei Niveaus (Plana) angelegt und dokumentiert. Dieses System wurde nur bei komplexeren Fundsituationen erweitert. Insgesamt wurde so in beiden Kampagnen 1987 und 1989 eine Fläche von fast 1500 m^2 untersucht. Die Befunde wurden fotografiert und zeichnerisch steingerecht im Maßstab 1:20 aufgenommen. 1988 konnten keine Grabungen in Möckenlohe stattfinden, es setzten aber die Wiederaufbaumaßnahmen ein. Bodeneingriffe im Umfeld des römischen Hauptgebäudes durch den Bau einer Reithalle und die Verlegung einer Leitung erbrachten nur wenige vorgeschichtliche, aber keine römischen Befunde und Funde.

DER ARCHÄOLOGISCHE BEFUND

Vorrömische Besiedlung

Auf der Grabungsfläche des römischen Hauptgebäudes fanden sich einige wenige vorrömische Siedlungsspuren. Es wurden sechs Gruben entdeckt, die vermutlich vorrömischen Ursprungs sind. Zwei Pfostengruben sind die einzigen Konstruktionselemente, die mit einer gewissen Sicherheit der vorrömischen Siedlungstätigkeit zugewiesen werden können, denn in ihrem Umfeld wurde mehr als 4,5 kg Hüttenlehm geborgen, was ein Fachwerkgebäude an dieser Stelle sehr wahrscheinlich macht. Insgesamt ist vom Platz der Villa in geringem Umfang Keramik der Jungsteinzeit (Münchshöfener Gruppe), der Bronzezeit, der Urnenfelder Zeit, der Hallstattzeit und der jüngeren Latènezeit bekannt geworden. Die geringe Anzahl und der schlechte Erhaltungszustand der geborgenen vorrömischen Keramik machen eine genauere Ansprache und Lokalisierung der Besiedlung unmöglich. Auf keinen Fall können diese vorrömischen Befunde und Funde als Beleg einer örtlichen Siedlungskontinuität von der Kelten- zur Römerzeit gewertet werden.

Römische Zeit

Periode I (Holzbauphasen)

Die römische Geschichte der Region setzt mit dem Ausgreifen der römischen Besetzung in der Zeit der flavischen Kaiser Vespasian (69–79 n. Chr.), Titus (79–81) und Domitian (81–96) ein. In dieser ersten Epoche der römischen Besetzung des Landes ist das Areal der Villa offenbar noch nicht besiedelt. Die ersten datierbaren Siedlungsspuren sind erst der Regierungszeit des Kaisers Hadrian (117–138 n. Chr.) zuzuschreiben (Abb. 6). Sie stammen von einer aus Holz erbauten Anlage. Über-

Abb. 6: Münzportrait des Kaisers Hadrian (117–138 n. Chr.), unter dessen Regierungszeit die Villa von Möckenlohe gegründet wurde. Foto: A. Pangerl.

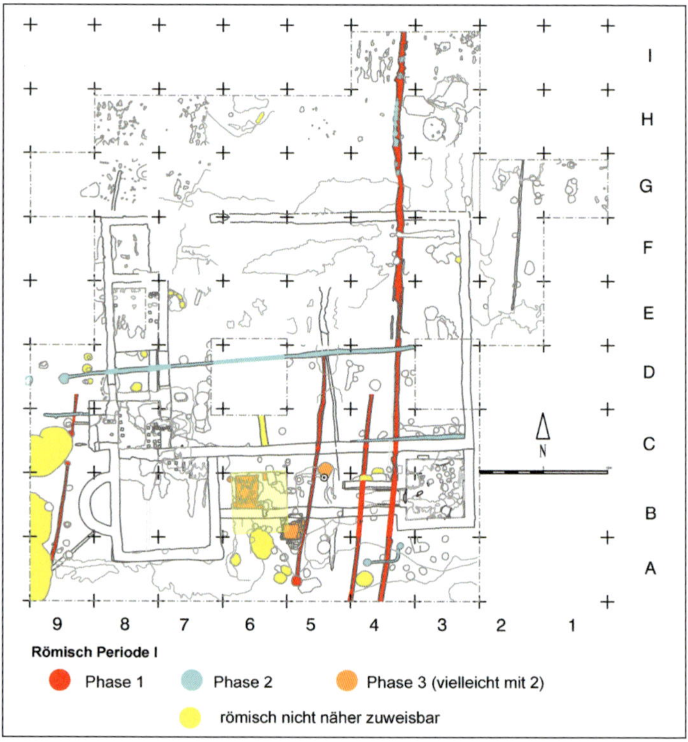
I
H
G
F
E
D
C
B
A
N
9
8
7
6
5
4
3
2
1
Römisch Periode I
Phase 1
Phase 2
Phase 3 (vielleicht mit 2)
römisch nicht näher zuweisbar

Abb. 7: Möckenlohe, Villa, Periode I: Holzbauphasen. Nach Schaflitzl.

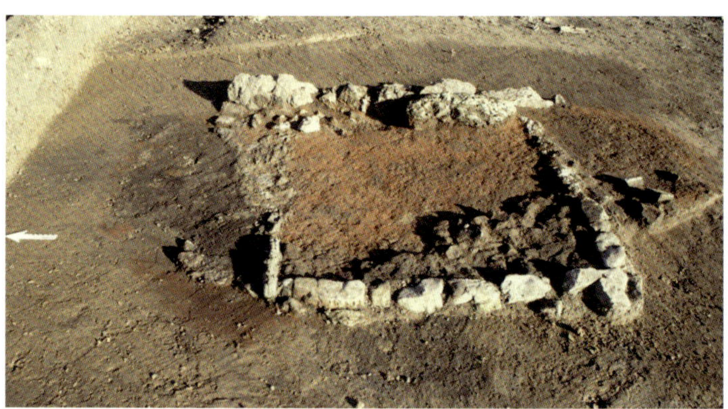

Abb. 8: Möckenlohe, Villa, Feuerstelle im Planquadrat B6 der Holzbauphase. Nach Schaflitzl.

schneidungen von Befunden legen wohl drei Perioden dieser reinen Holzbebauung nahe, die eher den Wirtschaftsteil, weniger die Wohngebäude einer ersten römischen Villa aus dem 2. Jh. n. Chr. betreffen (Abb. 7).

Die gesamte Grabungsfläche ist mit mindestens sechs mehr oder minder parallelen Gräben durchzogen, die von Norden nach Süden verlaufen (Abb. 7 und 10); das Fundmaterial, das diesen Gräben zuzuordnen ist, weist in die römische Epoche. Mindestens zwei von Westen nach Osten laufende Gräben schneiden erstere Gräben rechtwinklig. Diese gehören dann einer späteren Phase dieser frühen Holzbebauung an. Pfostenstellungen innerhalb dieser Gräben sind römisch. Sie legen nahe, hier einen Zaun- oder Palisadengraben zu sehen. Eine rechteckige Grube (2,6 x 1,8 m) im Quadranten B6 mit Pfosten in den Ecken könnte als eingetiefter Wirtschafts- oder Vorratsraum interpretiert werden.

Abb. 9: Möckenlohe, Villa, Mühlstein aus der Holzbauphase. Nach Schaflitzl.

Eine Feuerstelle auf der Grenze der Quadranten A5 / B5 und A6 / B6 ist eindeutig unter dem Steinbau gelegen und damit zur Holzbauphase zu rechnen (Abb. 8). Sie war durch mittelgroße Kalksteine in einem Quadrat mit den Seitenlängen von 1,2 m sorgsam gesetzt. Diese waren anscheinend miteinander vermörtelt. Ob hier ein Backofen oder ein Ofen für technische Zwecke vorliegt, lässt sich heute nicht mehr klären.

In den Quadranten B5 und C5 befindet sich eine weitere Grube. Am südlichen Rand wurde nahezu horizontal ein 0,55 m großer Mühlstein angetroffen, der für eine Handmühle eher zu groß ist und damit von einer Getriebemühle stammen dürfte, die mit

Abb. 10: Möckenlohe, Villa: Mauerfundament der Steinbauphase überschneidet Gräbchen der Holzbauphase. Foto: R. Hager.

Menschen- oder Tiereinsatz (Göpelmühle) betrieben worden ist (Abb. 9). Die Grube selbst ist kreisrund und hat einen Durchmesser von 1 m. An ihrem Rand fand sich ein umlaufendes braunes Band, die Reste einer Holzeinfassung. Der Boden schließt in ca. 1 m Tiefe gerade und scharf ab. Bei der Grabung wurde ab ca. 20 cm oberhalb der Sohle austretendes Hangwasser beobachtet. Diese Beobachtung legt nahe, dass es sich einst um einen Brunnen oder eine Zisterne gehandelt hat. Die Tatsache, dass die Struktur kreisrund und mit einem Holzrand eingefasst war, lässt an ein vergrabenes Fass zur Wandverstärkung denken, wie es in der Römerzeit oft nachweisbar ist.

Periode II (Steinbauphasen; Abb. 11)
Das aus Bruchsteinmauerwerk erbaute Hauptgebäude der Villa rustica vertritt einen in der Limeszone weit verbreiteten Bautyp, die sog. Eckrisalitvilla. Zwei turmartige Bauelemente, die Risaliten, flankieren an der Schauseite des Gebäudes einen architektonisch besonders gestalteten Eingangsbereich, oft mit Freitreppe und Säulenhalle (Porticus). Nun wurde beim Wiederaufbau die ganze Anlage, wie sie sich heute präsentiert, einstöckig rekonstruiert. Dazu gibt es, wenn auch wenige, durch Befunde belegte

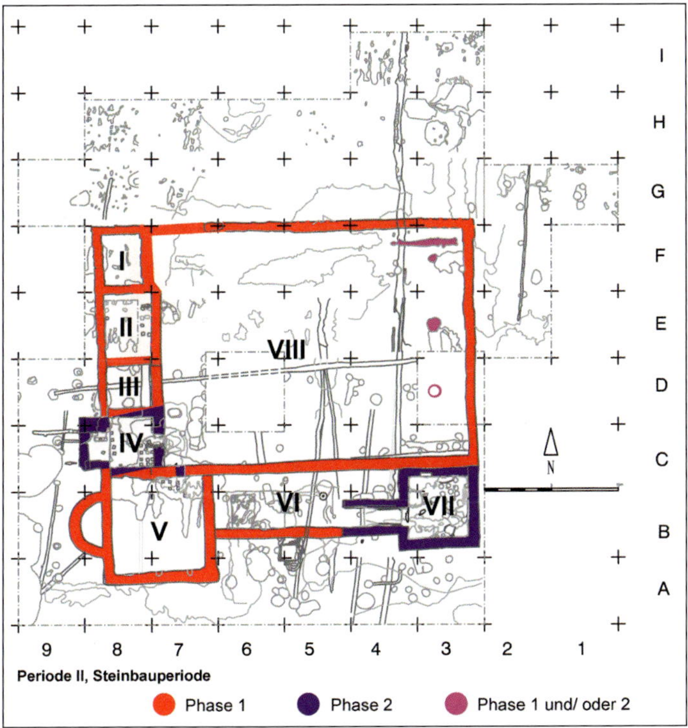

Abb. 11: Möckenlohe, Villa, Periode II: Steinbauphasen. Nach Schaflitzl.

Alternativen: So wiesen die Eckrisaliten der Villa von Treuchtlingen-Weinbergshof (Lkr. Weißenburg-Gunzenhausen) mit Sicherheit zwei Stockwerke auf. Ein zweites Stockwerk aus Lehmfachwerk auf einer Bruchsteinmauer im ersten Stock konnte z. B. bei dem Hauptgebäude der sehr gut erhaltenen Villa rustica am Silberberg bei Bad Neuenahr-Ahrweiler (Rheinland-Pfalz) nachgewiesen werden.

Insgesamt ist der Erhaltungszustand der Mauern recht unterschiedlich. Der Steinraub des Mittelalters und der frühen Neuzeit hat alles aufgehende Mauerwerk der Ruine beseitigt und wohl teilweise schon in den Fundamentbereich eingegriffen (Abb. 12). Die Hanglage hat zusammen mit der landwirtschaftlichen Nutzung zu Bodenerosion und damit zu weiteren dramatischen

Abb. 12: Möckenlohe, Villa, Blick von Süden auf die Quadranten A–C, 3–6 mit den Mauern der Porticus und dem Ostrisalit. Das Grabungsfoto zeigt deutlich den geringen Erhaltungszustand der Grundmauern. Nach Schaflitzl.

Schäden an der archäologischen Substanz geführt. Was noch an römischen Spuren erhalten war, dürfte mindestens 1 m unter der antiken Oberfläche gelegen haben!

Hauptgebäude mit Eckrisaliten

Von den bisher festgestellten Bauten der Villa rustica ist nur das Hauptgebäude ausgegraben und rekonstruiert worden. Der Steinbau des Hauptgebäudes wurde nicht in einem Guss errichtet, sondern während der Zeit seines Bestehens immer wieder um- oder ausgebaut. In der ersten Phase bestand das Gebäude aus einem Hof mit den im Westen anschließenden vier Räumen I–IV, dem vorgelagerten repräsentativen westlichen Risaliten V mit Apsis und der Porticus. War ursprünglich nur der Risalit mit einer Fußbodenheizung (Hypokaustum) versehen, wurde in einer zweiten Phase des Umbaues der anschließende Raum ebenfalls beheizt. Die Heizanlage (Praefurnium) wurde dann in den etwas tiefer gelegenen Raum IV verlegt und versorgte nun beide Zimmer mit Wärme (Abb. 13 und 15). Zu dieser Zeit wurde der Raum IV möglicherweise auch mit dem Annex ausgestattet. An die östliche Hofmauer war wahrscheinlich eine zweigeschossige

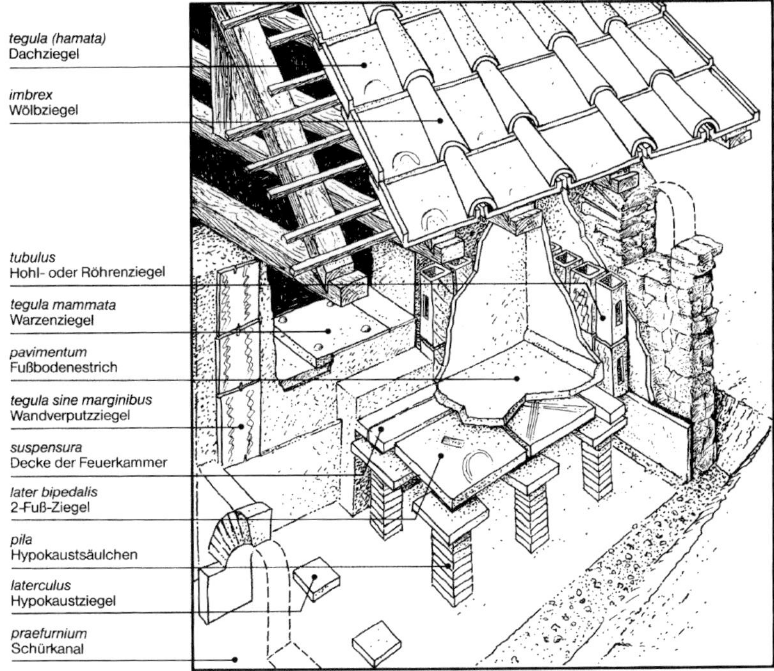

Abb. 13: Schematische Darstellung der Verwendung von Ziegeln bei römischen Dächern sowie Fußboden- und Wandheizungen. Nach Czysz.

Fachwerkkonstruktion angebaut. Gleichzeitig oder später wurde der östliche Risalit mit dem Steinkeller gebaut. Dieser entstand an der Stelle eines vermutlich älteren Erdkellers. Die Zweigeschossigkeit des Ostflügels setzt eigentlich – im Gegensatz zur heutigen Rekonstruktion – auch ein zweites Stockwerk für den östlichen Eckrisaliten voraus. Das heute rekonstruierte Hauptgebäude beruht auf der letzten Phase der Steinbauperiode II. Hier wurden um einen Hof einschließlich der Säulenhalle (Porticus) im Eingangsbereich und der Risaliten sieben Räume angelegt. Diese wurden vom Bearbeiter A. Schaflitzl zur besseren Ansprache gegen den Uhrzeigersinn, mit der Nordostecke beginnend, mit römischen Zahlen durchnumeriert (Räume I–VIII).

Räume I–III

Die kleineren Räum I–III reihen sich an der Westseite der Anlage. Sie waren durch landwirtschaftliche Nutzung und Erosion bereits stark gestört.

Raum I ist mit 3,9 x 2,8 m ca. 40 cm schmaler als die anderen Räume an der westlichen Mauer. Der Bodenbelag musste also aus Stampflehm o. ä. bestanden haben. Da nur die Fundamente erhalten sind, wurden auch keine Schwellen festgestellt. Der Zugang durfte aber über den Hof möglich gewesen sein. Zur Nutzung können keine Aussagen getroffen werden. Heute sind, ohne dass sich dazu in der Grabung Hinweise ergeben haben, ein Backofen und eine Göpelmühle eingebaut, die einen guten Eindruck von derartigen Installationen der Römerzeit vermitteln. Allerdings stammen ihre Vorbilder nicht aus römischen Siedlungen nördlich der Alpen, sondern aus den Städten Pompeji und Herculaneum, die 79 n. Chr. vom Vesuv verschüttet worden sind.

Raum II schließt im Süden an. Mit seinen Innenmaßen von ca. 4,7 x ca. 3,5 m ist er der größte Nebenraum. Der Boden war mit dickem Estrich bedeckt, der stark mit Kieseln durchsetzt war. Dieser war im südlichen Teil durch Pflügen teilweise nicht mehr vorhanden. In der nördlichen Hälfte fanden sich sechs Kalksteinplatten und ein Hypokaustziegel. Diese dienten wahrscheinlich als Auflagen für den Balkenrost eines Bretterbodens. Zur Nutzung des Raumes liegen keine weiteren Hinweise vor.

Raum III war stark gestörte, er hatte die ungefähren Ausmaße von 3,2 x 3,4 m. Hier fanden sich Estrichreste. Auch hier gibt es keine für eine Nutzung deutbaren Funde.

Raum IV

Raum IV schließt südlich an und war mit einer Fußbodenheizung versehen. In der östlichen Mauer zum Hof, die tiefer als die anderen Mauern und mit Kalkmörtelverbund fundamentiert ist, liegt mittig die Heizanlage, das Praefurnium. Es war mit einem Gewölbe aus Ziegeln überwölbt und verputzt. Die Größe des eigentlichen Raumes beträgt 3,7 x 3,3 m. Der untere Boden der Heizanlage besteht im Hauptraum aus einem grauem Mörtelestrich, der mit Ziegelsplit gemagert ist. In diesen wurden die Hypokaustpfeiler aus Ziegeln eingedrückt, die in der südwestlichen Ecke noch bis zu drei Lagen hoch erhalten sind. Drei sind direkt an die Wand angelehnt, um die rechteckigen Hohlziegel

Abb. 14: Möckenlohe, Villa, Blick von Osten auf das Schutzdach über der Heizanlage von Raum IV. Foto: Th. Fischer.

an den Wänden (Tubulatur) abzustützen. Die anderen stehen in den mittleren Abständen von 0,35 m bis 0,5 m zueinander. Der Raum dürfte also ursprünglich mit ca. 60 Hypokaustpfeilern ausgestattet gewesen sein. An der Heizanlage wurden umfangreiche Umbauten bzw. Reparaturen vorgenommen. Heute ist die Heizanlage an der Außenseite mit einem leichten Schutzdach versehen. Dieses ist zwar in Möckenlohe nicht belegt, kann aber aus praktischen Gründen durchaus vorausgesetzt werden (Abb. 13–15).

Raum V – Westlicher Risalt

Der Westrisalit Raum V ist mit 7 x 6,9 m annähernd quadratisch angelegt. Die Fläche beträgt 48 m^2. An der 0,7 m breiten Westmauer befindet sich eine halbrunde Apsis. Diese ist 3,45 m breit und hat einen Innenradius von 1,6 m. Offensichtlich wurde sie von Anfang an mit dem Risaliten zusammen geplant und gebaut. Von der äußeren Südwestecke ist sie 2 m entfernt und springt 2,7 m aus der westlichen Mauerflucht vor. Wie der innere Bodenbelag beschaffen war, lässt sich nicht sagen. Es wurde nur die allgemeine Deckschicht 415 des oberen Humus nachgewiesen. Die Stärke der Mauern der Süd-, Ost- und Nordwand des Risaliten beträgt 0,8 m. Das Fundament der nördlichen Wand 413b ist als einziges mit Mörtelverbindung aufgeführt und schließt in der

Abb. 15: Möckenlohe, Villa, Raum V, rekonstruierter Innenraum: Westrisalit mit Wandmalerei und Heizanlage. Foto: R. Hager.

Verlängerung von 448b ab. Die Fußbodenheizung war schlecht erhalten, nur noch in der Nordostecke fanden sich geringe Reste. Der Zugang zu diesem ohne Zweifel repräsentativsten Raum des Gebäudes erfolgte wahrscheinlich über die Porticus. Heute ist dieser Raum als Wohnraum rekonstruiert. Die Wandbemalung nimmt sich belegte Beispiele aus den NW-Provinzen zum Vorbild. In diesem Raum zeigt auch ein Schnittmodell die Bau- und Wirkungsweise der Fußboden- und Wandheizung (Abb. 15).

Raum VI – Säulenhalle

Die Säulenhalle *(porticus)* im Frontbereich (Abb. 16) war der Haupteingangsbereich der Villa. Der Raum VI ist 14 m lang und 4 m breit. In der südöstlichen Ecke befindet sich der 1,4 m breite Abgang zum Keller des Ostrisaliten (Abb. 17). Die nördliche Mauer ragt 4,3 m in den Raum hinein und ist 0,6 m dick. Nördlich bleibt somit noch ein 2,2 m breiter Gang. Den Kellerabgang nicht gerechnet, ergibt sich für die Porticus eine nutzbare Fläche von knapp 50 m^2. Eine im Vergleich zum Rest der Villa auffällige Häufung von Dachziegelfragmenten in den Quadranten vor der Porticus machen die Überdeckung dieser Raumeinheit mittels eines Pultdaches wahrscheinlich. Von den heute rekonstruierten tuskischen Säulen aus Jurakalk sind zwar in Möckenlohe keine Reste mehr erhalten, ihre Vorbilder stammen aber aus verschiedenen Villen im Limesgebiet.

Abb. 16: Möckenlohe, Villa, Porticus, Blick von Osten auf den Eingang zum westlichen Risaliten (Raum V). Foto: Th. Fischer.

Abb. 17: Möckenlohe, Villa, Porticus, Blick von Westen auf den Kellerabgang unter dem östlichen Risaliten (Raum VII). Foto: Th. Fischer.

Abb. 18: Möckenlohe, Villa, Blick von Osten auf den Steinkeller mit Eingang während der Ausgrabung. Nach Schaflitzl.

Abb. 19: Möckenlohe, Villa, Raum VII, als Küche rekonstruierter Innenraum. Foto: R. Hager.

Raum VII – Östlicher Risalit

Raum VII ist der östliche, die Porticus abschließende Risalit. Er war mit 4,7 x 4,6 m Innenmaßen kleiner als der westliche. Dieser Raum über dem Steinkeller (Abb. 18) stammt von einem späteren Umbau, bei dem auch der ältere holzverschalte Erdkeller durch den Steinkeller ersetzt worden ist. Die Nordwand ist doppelt aufgeführt, lehnt sich also an die beim Bau bereits vorhandene Porticus / Hofmauer an. Vielleicht geschah dies nicht nur aus statischen, durch die Baufolge bedingten Gründen, sondern auch, um mit einer doppelten Aufmauerung den Keller etwas trockener zu halten. Die Ausgräber vermerkten schon bei höher gelegenen Befunden austretendes Hangwasser und auch bei der modernen Rekonstruktion gibt es des Öfteren Probleme mit eindringendem Wasser im Keller. Im Erdgeschoss wird die Küche vermutet, wie sie auch heute rekonstruiert ist (Abb. 19). Als Vorbild für den Herd und die sonstige Einrichtung dienten die gut erhaltenen Beispiele aus den Städten Pompeji und Herculaneum, die im Jahre 79 n. Chr. vom Ausbruch des Vesuv verschüttet worden sind. Wenn darüber noch ein Obergeschoss vorhanden war, dürfte es Wohnzwecken gedient haben.

Raum VII – Keller

Der Keller besaß Mauern mit 4,7 x 4,6 m Innenmaß, die auch das Fundament des östlichen Eckrisalits Raum VII bildeten. Die Mauern waren noch bis 1,4 m hoch erhalten und bestanden aus Bruchsteinen. Alle Wände waren mit Kalkmörtel verputzt und in mehreren dünnen Schichten gekalkt. An wenigen kleinen Stellen hatte sich ein zinnoberfarbener Fugenstrich erhalten. Die Dicke der Süd- und Westwand beträgt 0,7 m, die der nördlichen 0,6 m. In der hofseitigen Mauer befindet sich in 1 m Höhe eine 0,85 m breite und ca. 0,3 m tiefe Nische, in der gegenüberliegenden Mauer mittig ein 1,5 m breiter Lichtschacht. Der Ansatz von dessen Schräge liegt 0,8 m über dem Boden.

Nach verschiedenen Umbauten hat die Brandkatastrophe, die zum Ende der Villa führte, eine letzte Nutzungsphase konserviert (Abb. 18 und 20): Im nach Westen zu gelegenen Kellerabgang haben sich entlang der Wände beidseitig lange, dunkelbraune Streifen erhalten, die Reste einer ehemaligen Holzverschalung. Auch fanden sich die verkohlten Reste einer Holztreppe. In der nordwestlichen Ecke, unterhalb der Nische, lag stark durchgeglühter Mauerversturz und im Schutt auch durchgeglühte Mör-

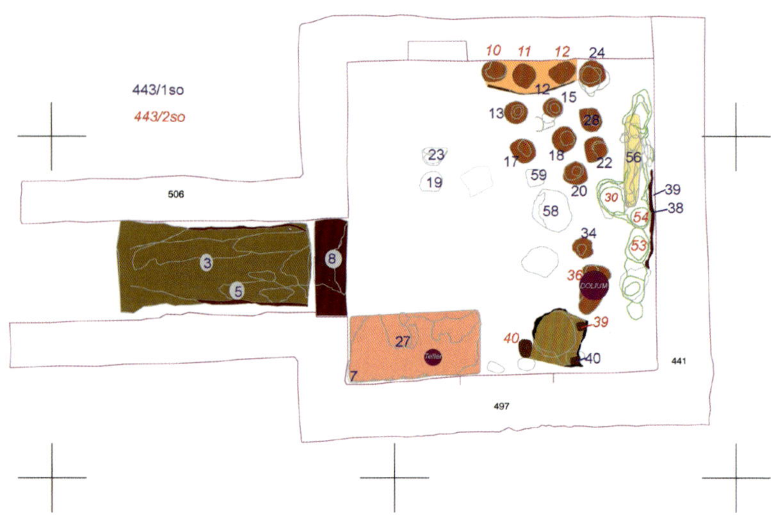

Abb. 20: Möckenlohe, Villa, Plan des Steinkellers mit Eingang (letzte Phase) mit Spuren der Kellertreppe (3, 5) der Holzschwelle (8), Grube (7, 27; für die Deponierung von Vorratsgefäßen?), Standspuren von Vorratsgefäßen (10–24, 34, 36) Spuren eines Holzregals (38–39), sandgefüllter Holzeinbau (39, 40). Nach Schaflitzl.

telbröckchen mit Rutenabdrücken von der Deckenkonstruktion. Im nordöstlichen Viertel des Kellers fanden sich neun Abdrücke von Gefäßen. An der östlichen Wand lag ein 1,5 m langes graubraunes Band aus vergangenem Holz, wohl die Spuren von einem Regal oder Schrank, und weitere Einbauten. Im Keller fanden sich die Reste von mehreren großen Vorratsgefäßen, die beim Brand des Gebäudes verschüttet worden sind. Mindestens einmal wurde ein sandgefüllter Kasten erneuert, in dem Wurzelgemüse eingelagert werden konnte. Der Keller war mit Brandschutt verfüllt, der auch zahlreiche Funde enthielt. Nicht immer war klar, ob es sich dabei um Material aus den Räumen darüber handelte, die bei der Brandkatastrophe von 254 n. Chr. in den Keller gestürzt war. Es besteht auch die Möglichkeit, dass nach dem Abtransport der noch brauchbaren Steine der Keller in nachrömischer Zeit als Senke noch sichtbar war, die sich erst im Verlauf der Zeit durch Erosion mit Kulturschutt aus anderen Bereichen der Villa füllte.

„Raum" VIII – Hof

Der Hof (VIII) umfasst mit einer Breite von 22,8 m und 17 m Länge eine Fläche von mehr als 390 m². Zur Gliederung des Innenraumes sind wenige Hinweise gegeben. Die beiden Steinsetzungen 26 im Quadranten F3 und 48 in Feld E3 geben einen kleinen Hinweis. Befund 26 befindet sich 2,3 m sowohl von der Ost- als auch der Nordwand entfernt und hat einen Durchmesser von ca. 0,8 m. Südlich davon, im Abstand von ca. 5 m, liegt Befund 48. Dieser ist ebenfalls 2,3 m von der Ostwand entfernt und mit 1 m Durchmesser etwas größer. Möchte man diese Reihe fortsetzen, müsste sich in Quadrant D3 ebenfalls eine Steinsetzung befinden. Die Steinsetzungen können Unterlagen für Pfosten gewesen sein, die ein Dach an der Ostwand abstützten. Hier hätte man Platz, um Gerätschaften o. ä. trocken abzustellen. Es gibt aber auch Raum für alternative Überlegungen: In den Quadranten F4 und F3/G3 befanden sich auch die größten Konzentrationen von Hüttenlehm innerhalb des Bereiches der Steinvilla. In den Quadranten E2, E3, F2, F3, F4 und G3 ist über die ganze Fläche verteilt sehr viel Hüttenlehm gefunden worden. Dies lässt an eine Fachwerkkonstruktion eines Obergeschosses denken. Unwahrscheinlich ist, dass die Wände des Erdgeschosses nur steinfundamentiert und in Fachwerk aufgezogen waren. Versturzschichten aus Bruchsteinen legen einen massiven Maueraufbau nahe. Leider waren gerade hier an dieser sensiblen Stelle die Befunde sehr schlecht erhalten bzw. konnten auch wegen unglücklicher Umstände nicht ausreichend dokumentiert werden.

Nebengebäude

Im Luftbild (Abb. 21) sind bisher sieben Nebengebäude erkennbar, davon vier, die an die Umfassungsmauer angebaut sind. Ein freistehendes Gebäude liegt südöstlich innerhalb der Umfassungsmauer, zwei weitere südlich bzw. südöstlich außerhalb. Es ist ohne genauere Untersuchungen diesen einfachen rechteckigen Grundrissen nicht anzusehen, welche genauere Funktion diese Gebäude einst hatten.

Badegebäude und Wasserversorgung

Das sicher vorauszusetzende Badegebäude der Villa rustica wurde bisher noch nicht zweifelsfrei erfasst. Da es nicht in das Hauptgebäude integriert war, muss es sich um ein kleines frei-

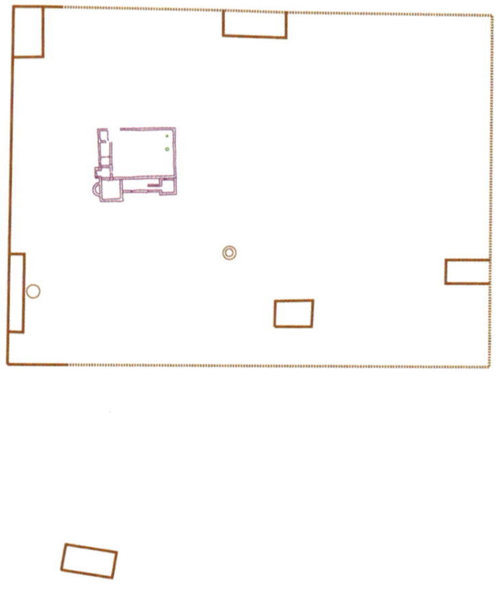

Abb. 21: Möckenlohe, Gesamtplan der Villa nach Grabungs- und Luftbildbefunden. Innerhalb der O-W-orientierten rechteckigen Hofmauer liegen fünf rechteckige Nebengebäude, davon vier an die Hofmauer angebaut. Südlich und südöstlich der Hofmauer liegen zwei weitere rechteckige Nebengebäude. Zwei runde Luftbildbefunde könnten vielleicht Brunnen sein. Nach Schaflitzl.

stehendes Gebäude außerhalb gehandelt haben. A. Schaflitzl meint, dass das an der östlichen Seite der Hofmauer angebaute Gebäude das Badegebäude sein könnte, da hier im Luftbild – ganz im Gegensatz zu den übrigen Nebengebäuden – ein Estrich erkennbar sei. Neuere Recherchen von K. H. Rieder haben allerdings ergeben, dass das Badegebäude möglicherweise südlich außerhalb der Villa in der Nähe des Baches gelegen war. Es wurde anscheinen vor wenigen Jahrzehnten bei Bodeneingriffen zerstört. Noch weitgehend unklar ist die Versorgung des Gutshofes mit Trinkwasser. Es muss aber solche Installationen gegeben haben, wissen wir doch aus zahlreichen schriftlichen und archäologischen Quelle, welchen großen Wert die Römer auf die Versorgung ihrer Siedlungen mit frischem Wasser legten. Bei den Grabungen wurde eine der Holzbauphase zuzurechnende wasserführende Grube entdeckt, wahrscheinlich ein Brunnen, der bereits in relativ geringer Tiefe Wasser führte. Dies legt nahe, dass es im Hang, in dem die Villa lag, auch Quellaustritte gegeben hat. So weist der Grundbesitzer M. Donabauer auf eine feuchte Stelle ca. 30 m südöstlich des Hauptgebäudes hin. Ob dies allerdings schon in der Antike so war, bleibt unklar. Zwei runde Strukturen im Luftbild könnten Brunnen darstellen. Ansonsten hat man mit Ausnahme des möglichen Brunnens der Holzbauphase weder Quellfassungen noch Wasserleitungen der Steinbauphase entdeckt, wie sie allesamt zur Wasserversorgung der Villa denkbar sind. Denn der kleine Bach südlich der Anlage dürfte allenfalls Brauchwasser zur Versorgung des Viehs geliefert haben.

Hofeinfassung und Gräberfeld

Die Hofeinfassung bestand aus einer massiven Steinmauer und umfasste ein rechteckiges Areal von mehr als 2 ha. Sie konnte bisher nur im Luftbild erfasst werden. Es ist auch unklar, wo der Zugang angelegt war. Am ehesten wird man ihn im Westen annehmen, wo in ca. 500 m Entfernung die Römerstraße Nassenfels–Pfünz verlief. An der Stichstraße Villa–Römerstraße kann man analog zu anderen, besser erforschten Villen auch das Gräberfeld der Hofbewohner vermuten.

FUNDMATERIAL

Die Funde aus der Villa von Möckenlohe sind nicht allzu zahlreich, obwohl es sichere Spuren für eine gewaltsame Zerstörung der Anlage durch Feuer um die Mitte des 3. Jhs. n. Chr. gibt. Normalerweise bedeutet eine solche Zerstörung einen höheren Fundanfall. Eine Ausnahme bildete der Steinkeller unter dem östlichen Eckrisalit. Im Fall von Möckenlohe gibt es einen klaren Hinweis, warum Funde eher selten sind: Der überwiegende Teil der Funde, auch der Tierknochen, lag nicht mehr dort, wo er in der Antike liegengeblieben war („in situ"), sondern wurde bei der Grabung vor der Südfront des Hauptgebäudes angetroffen. Nun wäre es ziemlich seltsam, wenn die Römer ausgerechnet vor der Schaufront der Villa ihre Müllkippe angelegt hätten, was nicht nur einen befremdlichen Anblick geboten hätte, sondern auch mit erheblicher Belästigung durch Gestank und Ungeziefer verbunden gewesen wäre. So ist mit großer Sicherheit anzunehmen, dass die Funde vor der Südfront erst durch die Erosion in nachrömischer Zeit sekundär verlagert und dort deponiert worden sind und dass dieser Bodenabtrag von ca. 1 m auch zu einem erheblichen Verlust an Fundmaterial geführt hat.

Metallfunde

Funde aus Metall sind in Möckenlohe sehr selten. Dies liegt daran, dass dieser Rohstoff kostbar war und immer wieder neu verwendet wurde. Natürlich kann man kleinere Stücke, wie Münzen, auch unbeabsichtigt verlieren. Aber bei größeren Gegenständen muss es schon besondere Umstände geben, dass sie in den Boden gerieten. Im Falle von Möckenlohe ist es sicherlich die gewaltsame Zerstörung der Villa im 3. Jh. n. Chr., die zum Verlust führte. Wenn es brennt und wenn gekämpft wird, dann können selbst Plünderer noch brauchbare Metallgegenstände übersehen. Denn die Germanen, die im 3. Jh. über die römischen Provinzen herfielen, legten auch besonderen Wert auf Metall aller Art. Abgesehen von Edelmetall, wie Gold und Silber, war es besonders Buntmetall, also Kupferlegierungen wie Bronze und Messing, das es ihnen angetan hatte, wurden diese Metalle doch damals im germanischen Siedlungsgebiet nicht gewonnen. Die Bewohner des Barbaricums konnten nur über die Römer an diese begehrten Materialien kommen, sei es durch Handel, durch gewaltsame Überfälle oder Plünderungsaktionen, wie im Jahr 254 n. Chr.

Münzen

Die Reihe der Fundmünzen ist zwar mit nur fünf Exemplaren gering, dennoch widerspricht das meist abgegriffene Geld dem Datierungsrahmen nicht, den das übrige, zumeist keramische Fundmaterial für die ganze Anlage gesetzt hat. Drei Bronzeprägungen (Asse, Dupondien und Sesterze) und zwei Denare (Silbermünzen) entsprechen den üblichen Verlustfunden einer Siedlung und weisen nicht auf außergewöhnliche Deponierungsumstände, etwa auf einen zerstreuten Münzschatz, hin.

Die Münzreihe beginnt mit einem As des Vespasian, geprägt zwischen 69 und 79. n. Chr. Es folgten ein Dupond und ein Sesterz des Hadrian, geprägt in Rom 117–122 bzw. 117–138 n. Chr. Ein Denar des Antoninus Pius wurde in Rom 156–157 geprägt, ein Denar des Elagabal 218–222 ebenfalls in Rom. Letztere Münze fand sich im Zerstörungsschutt des Kellers. Generell weisen Münzfunde in Villen auf eine funktionierende Geldwirtschaft hin; die gelegentlich vertretene Ansicht, in den ländlichen Regionen des römischen Reiches habe eine primitive Tauschwirtschaft vorgeherrscht, lässt sich durch nichts bestätigen.

Tracht und Schmuck

Fibeln, also die einem schnellen Modewechsel unterworfenen Gewandverschlüsse nach dem Prinzip der Sicherheitsnadeln, sind in Möckenlohe mit nur einem Stück vertreten, nämlich mit einer zweigliedrigen Spiralfibel mit kräftig profiliertem Mittelknopf und einem großen Endknopf. Dieser Typ ist in den Donauprovinzen weit verbreitet. Er datiert in die Jahrzehnte um 100 n. Chr., gehört also noch der Holzbauperiode an (Abb. 22a). Fingerringe (Abb. 22b), v. a. mit geschnittenen Steinen

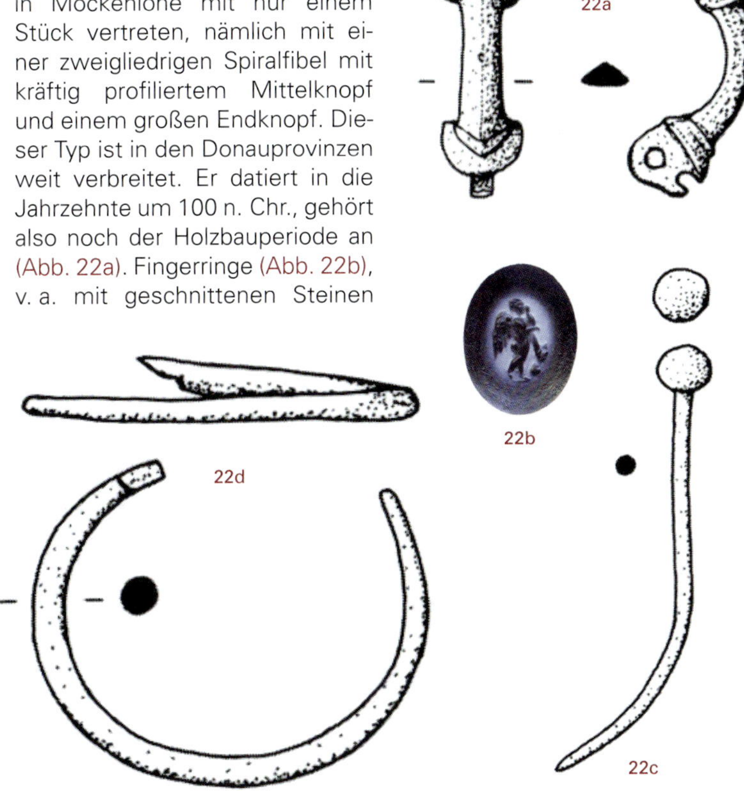

Abb. 22a–d: Möckenlohe, a) Bronzefibel aus der Zeit der Holzbauphase; b) Ringstein aus blauem Glas mit Darstellung eines Eroten; c) Ohrlöffel und Haarnadeln aus Bronze; d) Armring aus Bronze. Nach Schaflitzl.

oder Glaspasten, waren in der Antike sehr häufig. Sie dienten nicht nur dem Schmuckbedürfnis, sondern v. a. als Siegel der Bestätigung von Dokumenten aller Art, vom Kaufvertrag bis hin zur Besitzurkunde an Grund und Boden oder zum Testament. Ansonsten fand sich in Möckenlohe nur bescheidener Schmuck in Form von Nadeln und Armringen aus Bronze (Abb. 22c, d). Verschließbare Schmuckkästchen lassen aber doch annehmen, dass zumindest die Hausherrin noch über wertvolleren Schmuck aus Edelmetall verfügte.

Toilett- und medizinisches Gerät

Die Römer legten großen Wert auf Körperhygiene und gute medizinische Versorgung. In Möckenlohe geben ein Ohrlöffel und eine Löffelsonde (Abb. 23a, b) davon Zeugnis. Zwei Fragmente eines Spiegels aus silberhaltigem Metall zeigen, wie sehr man Wert auf Schönheitspflege legte.

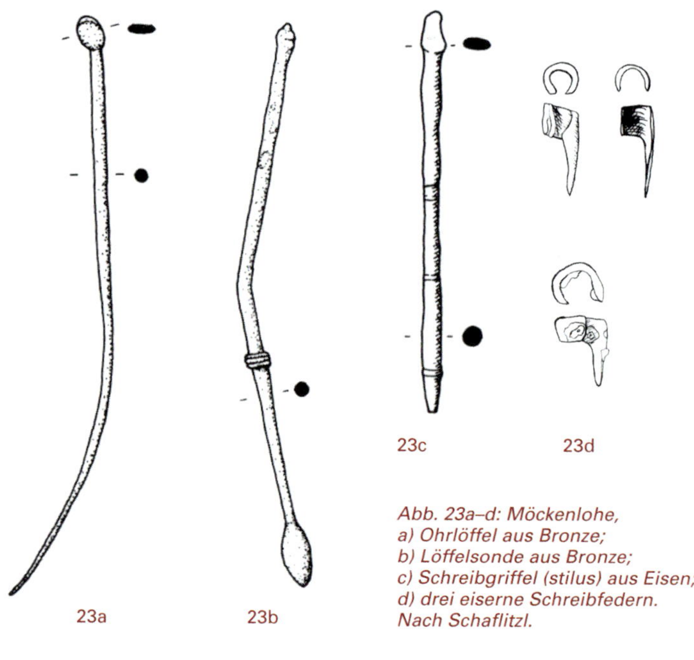

*Abb. 23a–d: Möckenlohe,
a) Ohrlöffel aus Bronze;
b) Löffelsonde aus Bronze;
c) Schreibgriffel (stilus) aus Eisen;
d) drei eiserne Schreibfedern.
Nach Schaflitzl.*

Schreibgerät

Ein Schreibgriffel *(stilus)* zusammen mit Ritzinschriften auf Keramik zeigen, dass es in der Villa Menschen gab, die Lesen und Schreiben beherrschten (Abb. 23c). Außerdem fanden sich eiserne Schreibfedern, mit denen man mit Tinte schreiben konnte (Abb. 23d). Da Papyrus oder Pergament sicherlich in Möckenlohe nicht zur Verfügung standen, dürfte man damit, wie etwa in England oder Köln belegt, auf gehobelte Holzbrettchen geschrieben haben.

Hausrat

Im Haus waren vielfach Metallgegenstände im Gebrauch. Von Bronzegefäßen sind zwar nur Fragmente erhalten, aber sie waren sicherlich reichlich vorhanden. In der Küche dienten Töpfe und Pfannen der Zubereitung von Speisen. Bei Tisch benutzte man auch Serviergeschirr aus Metall. Hackmesser (Abb. 24a) und Bratspieße gehörten ebenfalls zu den Küchengeräten.

Eine Besonderheit bildet der Fuß eines emailleverzierten Bronzegefäßes (Abb. 24b). Solche Behälter enthielten wahrscheinlich kostbare Salböle. Emaillierte Buntmetallgefäße wurden in Britannien in lokaler keltischer Tradition produziert

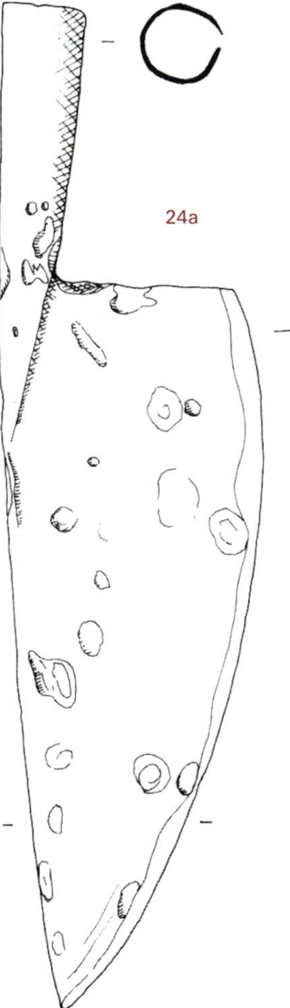

Abb. 24a–c: Möckenlohe, a) eisernes Hackmesser; b) Fuß eines emailleverzierten Bronzegefäßes; c) emailleverziertes Bronzegefäß aus Catterick (GB). Nach Schaflitzl (a–b) bzw. Andrzejowski/Rakowski (c).

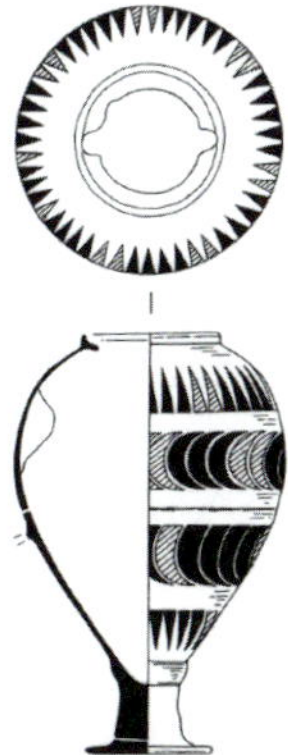

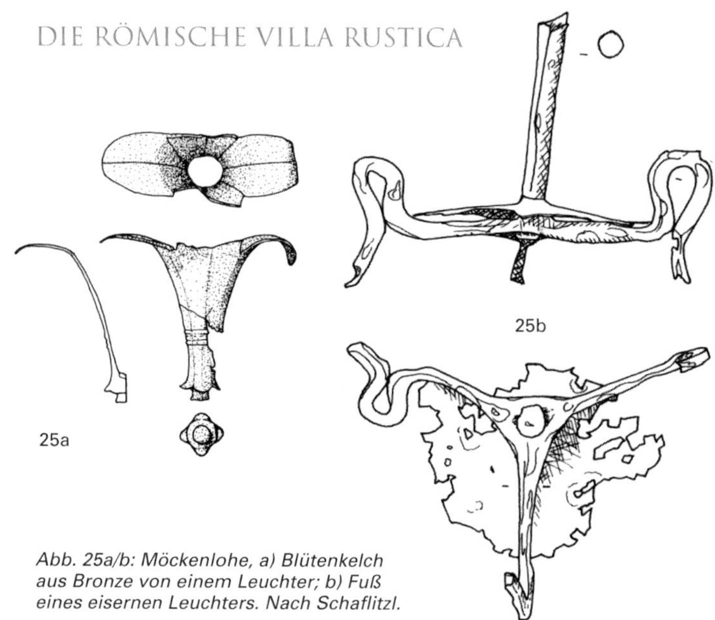

Abb. 25a/b: Möckenlohe, a) Blütenkelch aus Bronze von einem Leuchter; b) Fuß eines eisernen Leuchters. Nach Schaflitzl.

und gelangten über den Handel vor allen nach Nordgallien und Niedergermanien (Abb. 24c), sogar auch in das germanische Barbaricum bis hin nach Polen – dort aber eher als Beute denn als Handelsgut. Im römischen Bayern stellt dieses Stück ein exotisches Unikum dar. Es wäre sicherlich eine spannende Geschichte, wie so ein Luxusartikel aus Britannien bis an die ferne raetische Militärgrenze gelangte, aber leider kennen wir sie nicht.

Auch Leuchter und Kerzenhalter aus Eisen und Bronze gehörten zum gehobenen Wohnkomfort (Abb. 25 a und b). Sie ersetzten die klassischen antiken Öllampen, die ab dem 2. Jh. n. Chr. in Raetien immer seltener wurden, da es anscheinend Probleme mit dem Nachschub an Olivenöl gab. Metallbeschläge für verschließbare Holzkästchen kommen relativ häufig vor, sie enthielten wohl ursprünglich Geld, Schmuck und wichtige Dokumente, die man sichern wollte. Für ein erhöhtes Sicherheitsbedürfnis sprechen die zahlreichen Schlossbestandteile und Schlüssel (Abb. 26 a-d) in Möckenlohe. Schließlich gibt es auch Funde, die für Zeitvertreib und Freizeitgestaltung stehen: In einen Teller ist ein Spielfeld für ein Brettspiel eingeritzt (Abb. 27a), auch zugehörige Spielsteine aus Bein (Abb. 27b) und Keramik fanden sich. Ein Spinnwirtel, Nähnadeln aus Bronze und Bein (Abb. 28 a und b) und ein mögliches Webgewicht weisen auf häusliche Textilverarbeitung hin.

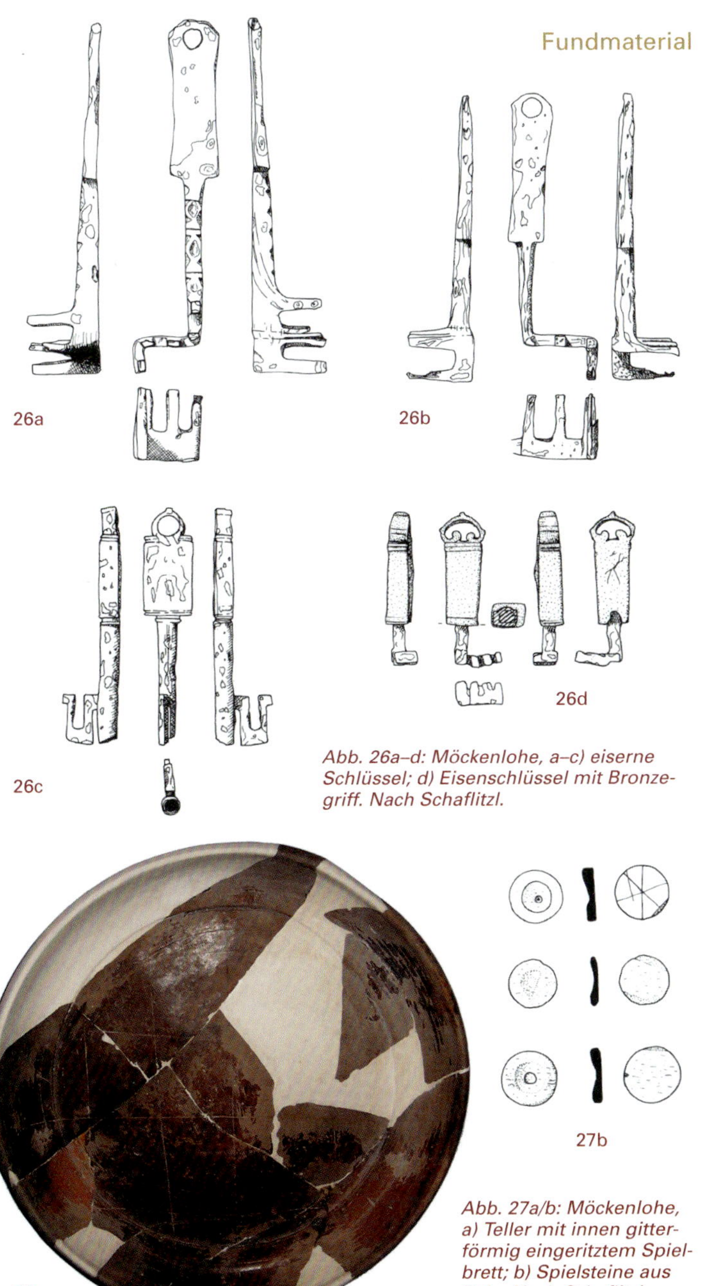

Abb. 26a–d: Möckenlohe, a–c) eiserne Schlüssel; d) Eisenschlüssel mit Bronzegriff. Nach Schaflitzl.

Abb. 27a/b: Möckenlohe, a) Teller mit innen gitterförmig eingeritztem Spielbrett; b) Spielsteine aus Bein. Nach Schaflitzl.

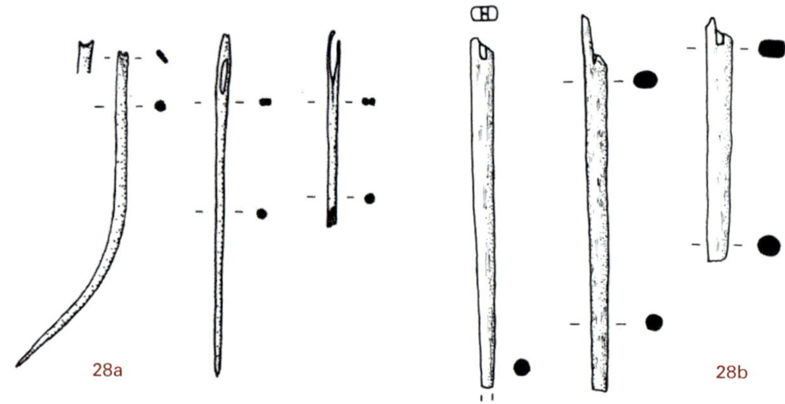

Abb. 28a/b: Möckenlohe, a) Nähnadeln aus Bronze; b) Nähnadeln aus Bein. Nach Schaflitzl.

Nägel und Baubeschläge

Die häufigsten Metallfunde stellen Nägel verschiedener Größe dar, v. a. von Dachstuhl, Türen und Möbeln (Abb. 29). Ansonsten fanden sich an Baubeschlägen Krampen, Klammern, Haken, allerlei Eisenbleche sowie Tür- und Fensterbeschläge. Ein kreuzförmiger Beschlag mit angespitzten Enden (Abb. 30a) stammt von einem massiven Fenstergitter (Abb. 30b).

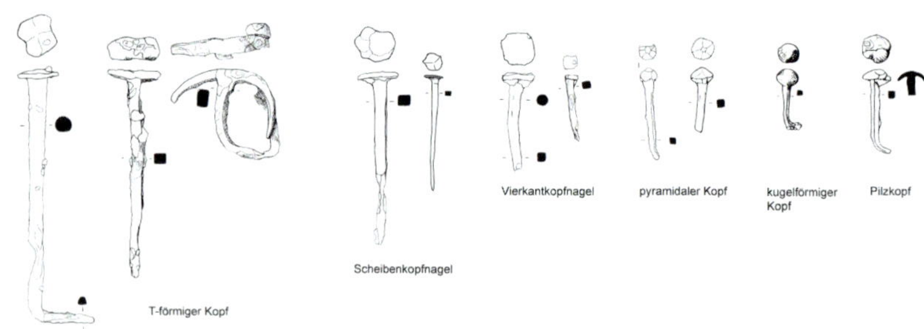

Abb. 29: Möckenlohe, Typen eiserner Nägel. Nach Schaflitzl.

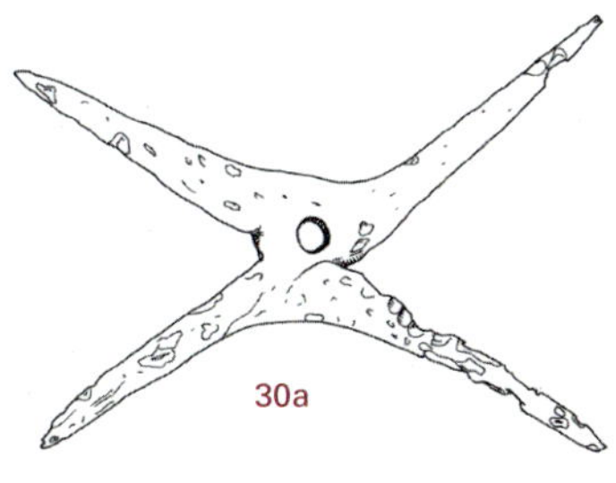

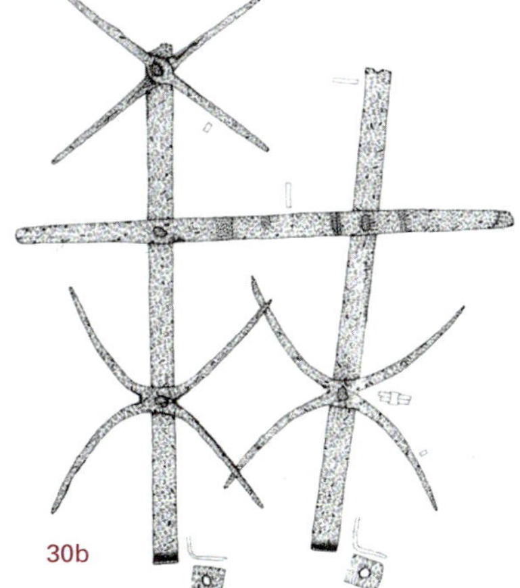

Abb. 30a/b: Möckenlohe, a) eiserner Stern von einem Fenstergitter; b) eisernes Fenstergitter aus der Villa von Regensburg-Harting. Nach Schaflitzl (a) bzw. Schnetz (b).

Werkzeug und Geräte

Auch auf Gutshöfen ist Werkzeug zur Holz- und Metallbearbeitung relativ häufig, denn wie heute erledigten Bauern zumindest einfache Reparaturen im Haus, im Haushalt oder an Geräten selbst. Spezialisierte Handwerker waren schon damals sicherlich nicht billig und es dauerte wohl auch eine gewisse Zeit, bis man sie dazu brachte, auf einem abgelegenen Hof zu arbeiten. In Möckenlohe fanden sich z. B. ein Löffelbohrer (Abb. 31a), ein Stemmeisen (Abb. 31b) und Durchschläge (Abb. 31c). Auch grobe Nähnadeln, eher zur Lederbearbeitung geeignet, kommen vor (Abb. 28a). Die sonst recht häufigen landwirtschaftlichen Geräte sind nur spärlich vorhanden: Es gibt eine Gartenhacke (Abb. 31d), einen sog. Karstzinken und ein Laubmesser. Eiserne Messer (Abb. 32a-c) fanden sicherlich in vielerlei Lebensbereichen Verwendung: etwa in der Küche, bei Tisch, zum Schnitzen von Holz und Knochen sowie als Universalgerät bis hin zur Waffe. Häufiger kommen Beschläge für Zaumzeug und Geschirr von Pferden, Maultieren und Zugochsen vor (Abb. 33a). Hufeisen kannten die Römer noch nicht; bei schwerem Gelände oder bei kranken Hufen konnte man befristet eiserne Hufschuhe anbringen, wie das Exemplar von Möckenlohe (Abb. 33b) zeigt.

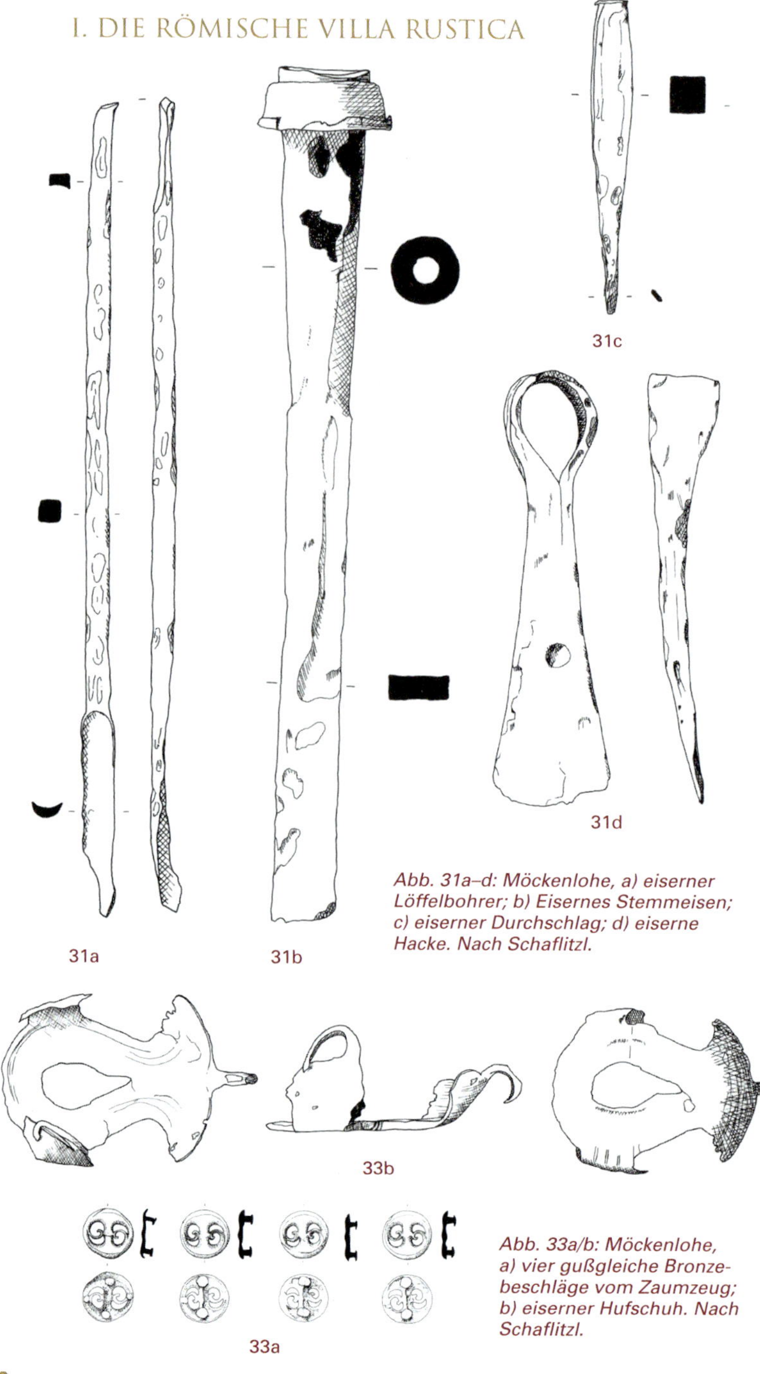

Abb. 31a–d: Möckenlohe, a) eiserner Löffelbohrer; b) Eisernes Stemmeisen; c) eiserner Durchschlag; d) eiserne Hacke. Nach Schaflitzl.

Abb. 33a/b: Möckenlohe, a) vier gußgleiche Bronzebeschläge vom Zaumzeug; b) eiserner Hufschuh. Nach Schaflitzl.

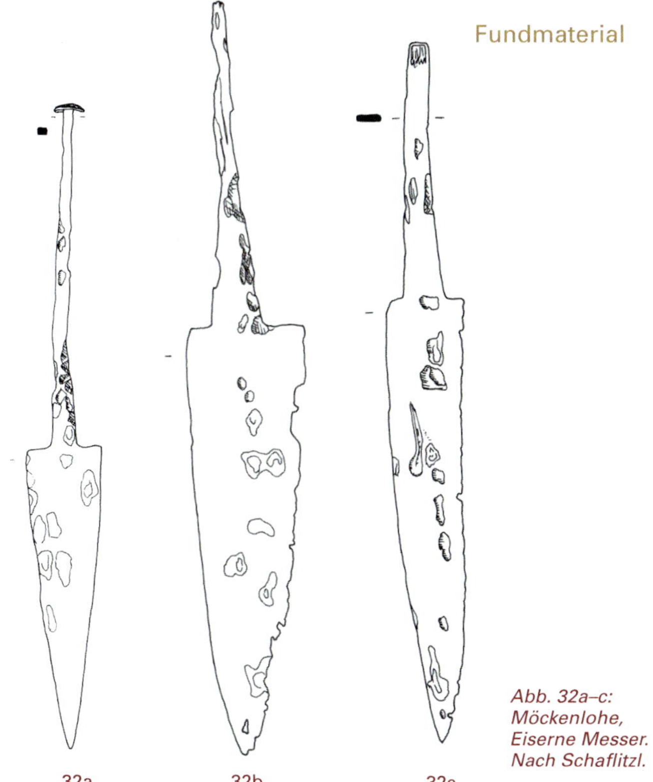

Abb. 32a–c: Möckenlohe, Eiserne Messer. Nach Schaflitzl.

Waffen

Bei Funden von Waffen auf Gutshöfen, wie Lanzen- und Pfeilspitzen, gibt es im Wesentlichen drei Möglichkeiten, um ihr Vorkommen zu erklären: 1) Es handelt sich um Jagdwaffen. 2) Es sind Waffen, die möglicherweise Veteranen aus ihrer aktiven Militärzeit zur Selbstverteidigung in unruhigen Zeiten mitgebracht haben. 3) Es handelt sich um Belege für einen Kampf, der mit dem gewaltsamen Ende der Villa zusammenhängt. In Möckenlohe kann man sich nicht für nur eine Möglichkeit entscheiden. So ist z. B. die dreiflügelige Pfeilspitze eine typische Waffe militärischer Bogenschützen (Abb. 34a), welche die Römer im vorderen Orient rekrutiert haben. Die beiden Speerspitzen (Abb. 34b) und die blattförmige Pfeilspitze (Abb. 34c) können römische Jagdwaffen, aber auch Waffen germanischer Angreifer darstellen. Das Fragment eines Schwertscheidenbeschlags (Ortband) zeigt, dass den Bewohnern zur Selbstverteidigung auch schwerere Waffen zur Verfügung standen (Abb. 34d).

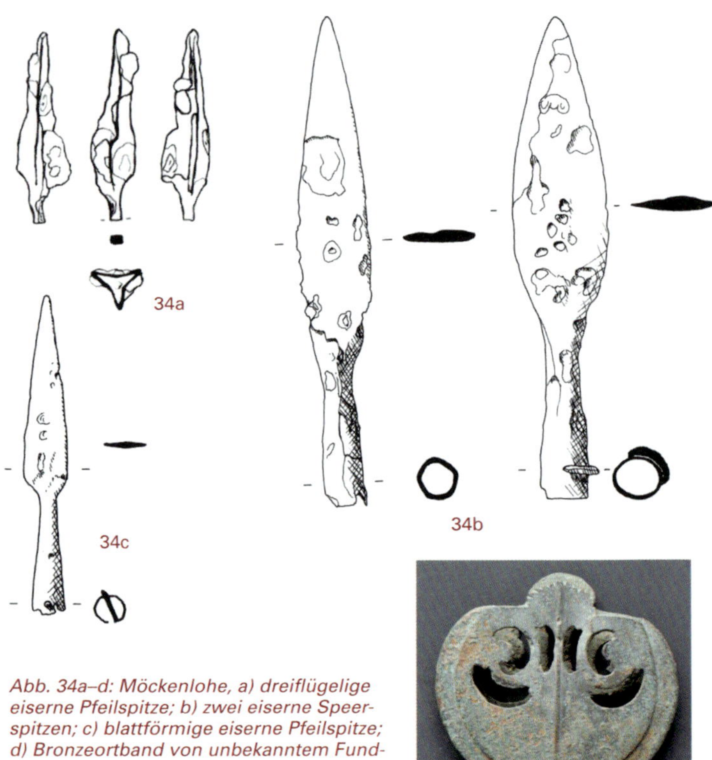

Abb. 34a–d: Möckenlohe, a) dreiflügelige eiserne Pfeilspitze; b) zwei eiserne Speerspitzen; c) blattförmige eiserne Pfeilspitze; d) Bronzeortband von unbekanntem Fundort; das Fragment eines ähnlichen Stückes stammt aus Möckenlohe. Nach Schaflitzl (a–c); Foto: A. Pangerl (d).

Beinfunde

Schnitzereien aus Tierknochen hat man möglicherweise auf dem Hof selbst hergestellt. Dazu gehören Haar- (Abb. 35) und Nähnadeln (Abb. 28b). Gedrechselte Spielsteine aus Bein (Abb. 27b) wurden aber sicherlich nicht in Heimarbeit gefertigt, sondern von spezialisierten Handwerkern fertig auf den Wochenmärkten in den Vici gekauft.

Steinfunde

Zu den geläufigen Funden in Villen gehören auch Mühlsteine von Drehmühlen. In Möckenlohe bestehen die vier Exemplare aus Sandstein, dessen genauere Herkunft noch nicht festgestellt ist.

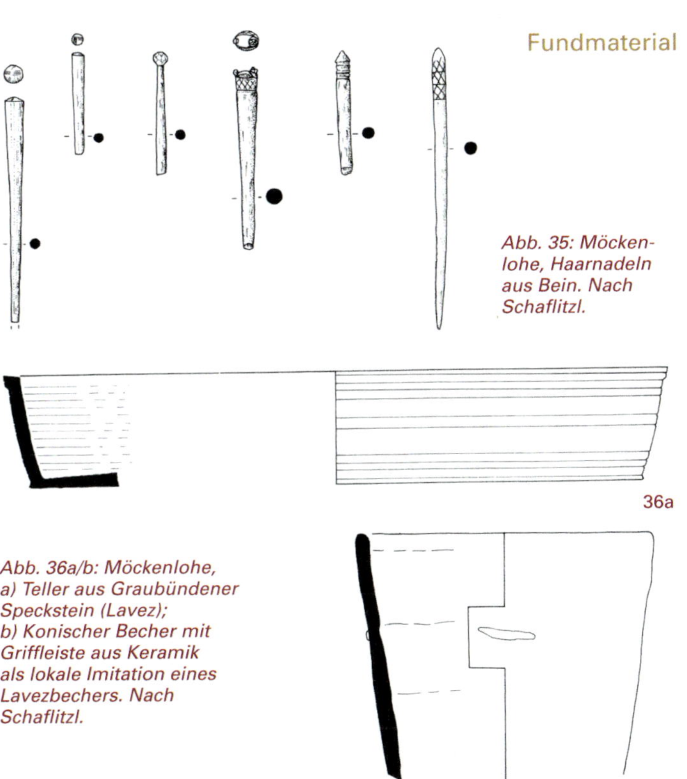

Abb. 35: Möckenlohe, Haarnadeln aus Bein. Nach Schaflitzl.

*Abb. 36a/b: Möckenlohe,
a) Teller aus Graubündener Speckstein (Lavez);
b) Konischer Becher mit Griffleiste aus Keramik als lokale Imitation eines Lavezbechers. Nach Schaflitzl.*

Der ganz erhaltene Mühlstein (Abb. 9) aus der Holzbauphase ist für eine Handmühle zu groß. Dies gilt auch für die Fragmente, die der Steinbauphase zuzuweisen sind. Mühlsteine gehörten zu einer Mühle, die zur Selbstversorgung der Bewohner des Hofes mit Brot diente – aber nicht zu einer Wassermühle, sondern einer Getriebemühle, einer sog. Göpelmühle, die mit Menschenkraft oder einem Tier (Ochse, Esel, Pferd, Maultier) angetrieben wurde, die im Kreise gingen (vgl. S. 119, Abb. 79). Dies genügte für den Eigenbedarf vollkommen, denn das auf der Villa produzierte Getreide wurde direkt verkauft, nicht in Form von Mehl. Auch ein Schleifstein aus Sandstein gehört zum geläufigen Fundgut in Villen. Er diente zum Schärfen von Messern und Geräten. Von gedrechselten Gefäßen aus weichem Speckstein (Lavez), der aus Graubünden importiert wurde, gibt es nur wenige Fragmente (Abb. 36a). Wesentlich häufiger ist auch in Möckenlohe die lokale Imitation der charakteristischen konischen Lavezbecher in Keramik (Abb. 36b).

Keramik

Das häufigste Fundgut auf archäologischen Fundstellen ist die Keramik. Dies liegt in ihrer Zerbrechlichkeit, ihrem geringen Preis und der Tatsache begründet, dass man die Scherben von zerbrochenem Geschirr nicht wiederverwenden kann. Oft bildet sie die wichtigste Grundlage für die zeitliche Einordnung einer Fundstelle, denn zumindest feines Tafel- und Trinkgeschirr ist einem stetigen Formen- und Modewechsel unterworfen, so dass man inzwischen römische Keramik recht gut genauer datieren kann. Aber natürlich sagen auch eine spezielle Zweckbestimmung und der relative Anteil einzelner Keramikformen an der gesamten Fundmenge einiges über die Funktion eines Gebäudes oder einer Siedlung aus. So findet man z. B. in Herbergen und Wirtshäusern in überproportionaler Menge Trinkbecher.

Keramisches Tafel- und Trinkgeschirr

Neben dem wesentlich teureren Trink- und Tafelgeschirr aus Metall und Glas waren Keramikbecher und Serviergefäße sehr beliebt, oft auch von weit her importiert, so z. B. die sog. Terra Sigillata, ein feines Geschirr mit glänzend rotem Überzug. Dieses

37b

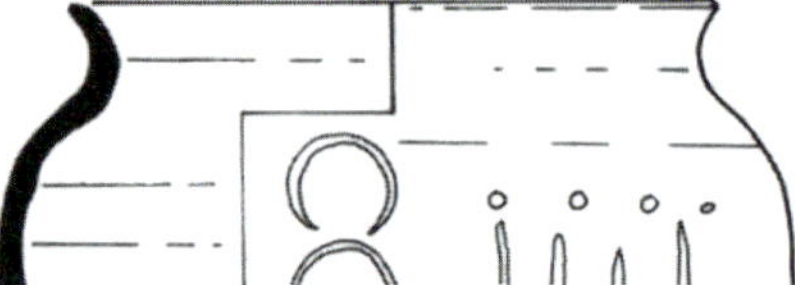

Abb. 37a/b: Möckenlohe, a) Terra-Sigillata-Fragmente; b) Randfragment eines Bechers der sog. Raetischen Ware. Foto: R. Hager (a); nach Schaflitzl (b).

ist in Möckenlohe zumeist nur in kleineren Fragmenten erhalten (Abb. 37a). Es gibt Gefäße mit Reliefdekor oder ohne Verzierung. Oft sind sie mit Namensstempeln der Hersteller versehen. In Möckenlohe stellen Produkte aus der südgallischen Töpferei von Banassac der ersten Hälfte des 2. Jhs. n. Chr. die ältesten Importe dar. Aus dem Rest des 2. Jhs. ist relativ wenig Material überliefert, die Zahlen steigen erst in der 1. Hälfte des 3. Jhs. wieder an, als die gewaltsame Zerstörung mehr Keramikbruch in den Boden brachte. Nun dominieren Gefäßimporte aus Rheinzabern in der Pfalz. Allerdings scheinen Formen der allerletzten Phase der Existenz der Villa von Möckenlohe zu fehlen. Diese einseitige zeitliche Verteilung mit einer Überzahl der spätesten Formen gilt im Übrigen für alle Keramikformen und -sorten aus Möckenlohe. Feine Becher einheimischer Produktion, etwa die sog. Raetische Ware, sind ebenfalls importiert, aber aus Raetien selbst. Sie wurden in verschiedenen Töpfereien gefertigt, etwa in Schwabmünchen südlich von Augsburg (Abb. 37b). In nur zwei Fragmenten sind feine Trinkbecher aus Trier vertreten, ein Fragment sogar mit Resten einer Inschrift aus weißem Ton. Deren Import setzt erst kurz vor dem Ende der Villa in Möckenlohe ein; häufiger sind in Raetien lokale Imitationen dieser beliebten Becherform.

Koch- und Küchengeschirr

Während das Tafelgeschirr oft importiert wurde, stammt die einfachere Keramik aus Töpfereien der Umgebung, etwa aus dem Vicus von Nassenfels. Auch sie ist zumeist nur in kleinen Fragmenten erhalten. Es gibt Formen, wie etwa Backteller oder Becher und Töpfe, die einen roten Überzug haben, die Masse der Keramik ist tongrundig, d. h. sie weist keinerlei Überzug oder sonstige Oberflächenbehandlung auf. Eine typische Form der römischen Küche ist die Reibschüssel *(mortarium)*, eine mediterrane Keramikform, die mit einem kräftig profilierten Kragenrand, oft einem Ausguss und einer gerauhten Innenfläche aus Kalk- oder Quarzgrus ausgestattet war, um das Zerreiben und Mischen von Milchprodukten, Gewürzen und Kräutern mit einem Stößel *(pistillum)* zu vereinfachen. In den Donauprovinzen war die sogenannte rätische Reibschüssel, die einen rot bemalten Rand hatte, besonders verbreitet (Abb. 38a). Sie wurde in Schwabmünchen südlich von Augsburg hergestellt.

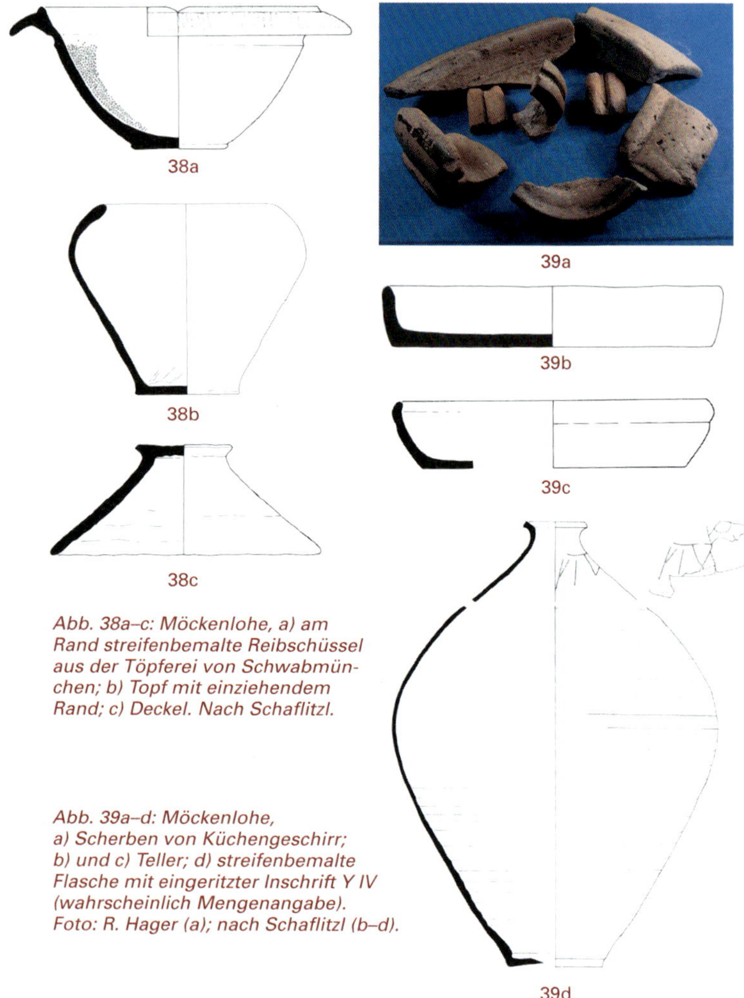

Abb. 38a–c: Möckenlohe, a) am Rand streifenbemalte Reibschüssel aus der Töpferei von Schwabmünchen; b) Topf mit einziehendem Rand; c) Deckel. Nach Schaflitzl.

Abb. 39a–d: Möckenlohe, a) Scherben von Küchengeschirr; b) und c) Teller; d) streifenbemalte Flasche mit eingeritzter Inschrift Y IV (wahrscheinlich Mengenangabe). Foto: R. Hager (a); nach Schaflitzl (b–d).

Zahlreich ist einfaches Küchengeschirr, wie Koch- und Vorratstöpfe, als hell und rötliche oxidierend gebrannte und als grau bis schwarze reduzierend gebrannte Ware. Typisch für Raetien sind auch konische Becher und Töpfe, die Formen in Lavez, einer Specksteinart aus Graubünden, imitieren (Abb. 36b). Besonders beliebt waren hier auch oft handgemachte Töpfe mit einziehendem Rand (Abb. 38b). Zu ihnen gehörten auch Deckel (Abb. 38c).

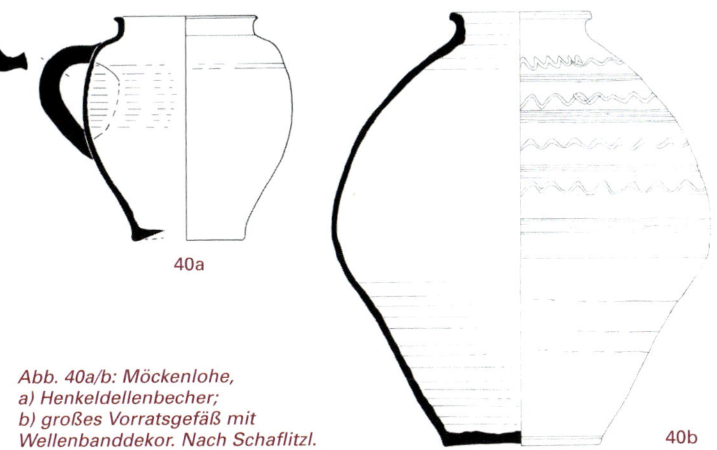

*Abb. 40a/b: Möckenlohe,
a) Henkeldellenbecher;
b) großes Vorratsgefäß mit Wellenbanddekor. Nach Schaflitzl.*

Häufiger kommen Teller (Abb. 39a und b) und Schüsseln aller Art vor; Letztere wurden auch zum Kochen benutzt. Die typisch römisch-mediterrane Form des Henkelkruges war in Möckenlohe eher selten. Flüssigkeiten wurden in streifenbemalten Flaschen keltischer Tradition aufbewahrt (Abb. 39d). Sie sind aber keine Anzeiger für keltische Tradition im Lande, sondern wurden von keltischstämmigen Einwanderern aus Gallien mitgebracht. In alpin-rätischer Tradition stehen die Henkeldellenbecher, die hinter dem Henkel eine Delle in der Wandung aufweisen, um ihn besser fassen zu können (Abb. 40a). Ein Fragment mit gewelltem Rand stammt von einem Räuchergefäß. Man konnte es für Weihrauchopfer, aber auch als Talglampe nutzen. Typisch für eine Villa rustica ist schließlich eine Käseform mit durchlochtem Boden, durch den die Molke ablaufen konnte. Nur ein einziges Fragment stammt von einer Öllampe aus Ton. Anscheinend hat man solche Lampen im 2. und 3. Jh. n. Chr. eher für den Grabkult als für die Beleuchtung im Haus verwendet.

Vorratsgefäße

Im Keller fanden sich zwei große Vorratsgefäße (Dolien), die dem Brand des Hauses zum Opfer fielen (Abb. 40b). Auch ein Fragment einer Amphore lag im Keller. Es handelte sich um die lokale Nachahmung einer Ölamphore des Typs Dressel 20. Nach neuesten Erkenntnissen wurde in solchen Gefäßen Bier aufbewahrt.

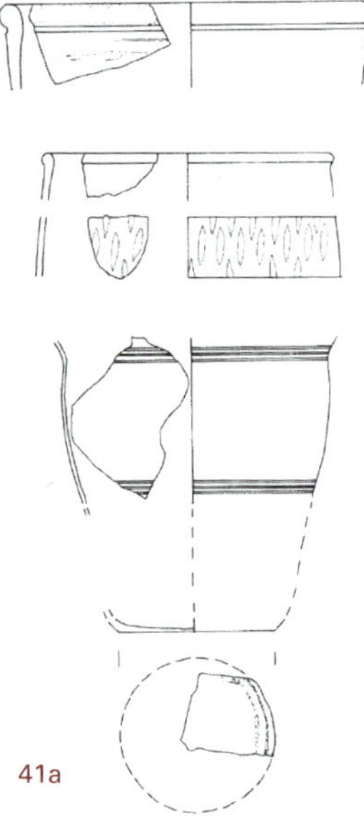

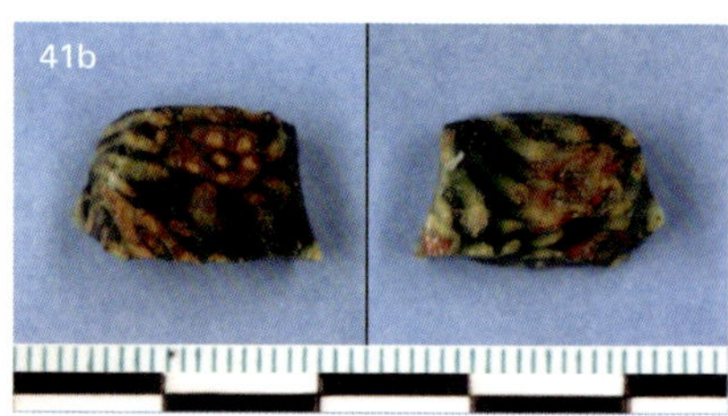

Abb. 41a/b: Möckenlohe, a) Fragmente von Glasbechern aus entfärbtem Glas; b) Fragment eines Millefiori-Gefäßes. Nach Rosenstein.

Glas

Oft nur in kleinen Splittern wurde Glas gefunden. Einerseits Reste von Fensterglas, in der Masse aber Scherben von Glasgefäßen, wie Bechern und Schalen (Abb. 41a). Auffällig in Möckenlohe sind die doch beachtlichen Mengen von teilweise recht qualitätvollem Glas. So finden sich auch importierte verziert Gefäße, ja sogar ein ausgesprochenes Luxusstück in Form von Buntglas, einem sog. Millefioriglas (Abb. 41b). Zusammen mit der Tatsache, dass im Vergleich wenig keramisches Tafel- und Trinkgeschirr aus der allerletzten Zeit der Existenz gefunden wurde, spricht dies für einen überdurchschnittlichen Wohlstand der Bewohner in den letzten Jahren der Villa, als das teurere Glas die billigeren Terra-Sigillata-Gefäße teilweise ersetzt hat. Die Tatsache, dass einige Gläser im Feuer angeschmolzen sind, hängt mit dem gewaltsamen Niederbrennen der Villa zusammen.

Baumaterial

Die Steinvilla von Möckenlohe wurde aus Bruchsteinen mit Kalkmörtel gemauert. Das Baumaterial besteht aus lokalem Kalkstein, wie er überall in der Region ansteht. Versuche, die Herkunft des Materials genauer zu bestimmen, liegen bisher nicht vor; Reste von Steinbrüchen wurden im näheren Umfeld noch nicht beobachtet. Häufig kommen Ziegel vor, und zwar sowohl die charakteristischen römischen Dachziegel, Leistenziegel *(tegulae)* und halbrunde Deckziegel *(imbrices)*. Ansonsten gibt es noch die quadratischen Ziegel von den Pfeilern sowie Heizröhren von quadratischem Querschnitt *(tubuli)* von der Hypokaustheizung. Neben einigen unspezifischen Wischmarken gibt es keinerlei Hinweise über die Herkunft des Ziegelmaterials, etwa in Form von Herstellerstempeln.

Der durch ein Schadfeuer verziegelte Fachwerklehm („Hüttenlehm") konzentriert sich in seinem Vorkommen auf den Nordteil der Anlage, möglicherweise als Beleg für einen zweistöckigen Fachwerkbau.

Tierknochen

Durch den kalkhaltigen Boden in ihrer Erhaltung begünstigt, fanden sich in Möckenlohe über 3000 Tierknochen. Sie liefern eine reiche Informationsquelle für diejenigen Tiere, die in der Römerzeit in der Villa rustica gezüchtet, gejagt und gegessen worden sind. Auch hier ist es so, dass ein großer Anteil des Materials (51 %) in sekundärer Lagerung vor der Südfront des Gebäudes angetroffen worden ist; 20 % stammen aus dem Keller, der Rest von ca. 30 % im restlichen Haus und im Hof. Die Überreste von 100 Haussäugetieren wurden rechnerisch zwei Pferden, 39 Rindern, 25 Schafen und Ziegen (Knochen dieser Tiere lassen sich kaum unterscheiden!) zugewiesen. Sie dienten hauptsächlich als Lieferanten für Milch und Wolle. Auch 31 Schweine und drei Hunde sind nachgewiesen. Hauskatzen waren vorhanden, sind aber eher unterrepräsentiert: Sie wurden nicht geschlachtet und verbargen sich zum Sterben oft außerhalb des Hofes. Die hohe Anzahl von Rindern kommt dadurch zustande, dass diese als Zugochsen auf einem Bauernhof natürlich eine große Rolle spielten. Dies belegen zahlreiche krankhafte Veränderungen an den Rinderknochen, die durch die schwere Arbeitsbelastung verursacht waren. Pferde dagegen wurden als Zugtiere z. B. beim Pflügen kaum genutzt, weil in der Römerzeit das Kummet noch nicht erfunden war. An Vögeln gab es 68 Haushühner, zwei Hausgänse, jeweils einmal Löffelente, Rebhuhn und Wacholderdrossel. Auch die Reste von zwei Steinkäuzen und sieben unbekannten Vögeln fanden sich. Von 14 Fischen konnten vier Döbel, acht unbekannte Karpfenarten und ein Hecht bestimmt werden. Auch zwei Weinbergschnecken und eine Maler- sowie eine Flussperlmuschel könnten auf dem Speisezettel der Hofbewohner gestanden haben. Mit nur 1,6 % Gesamtanteil am Knochenmaterial wesentlich geringer ist der Anteil der Wildtiere, die alle in der näheren Umgebung der Villa gelebt haben: Ur, Rothirsch, Reh, Wildschwein, Biber und Hase sind hier vertreten.

DIE BEWOHNER UND IHRE LEBENSUMSTÄNDE

Nach allem, was wir wissen, existierte diese Villa ca. 130 Jahre. Dies könnte mit ca. vier Generationen einhergehen, die hier als Pächter, Verwalter oder Besitzer (s. u. S. 104f.) wirtschafteten. Es muss nicht immer die gleiche Familie hier gelebt haben, ein Wechsel in der Bewohnerschaft ist nicht ganz auszuschließen. Über ihre Herkunft sind wir bisher nicht unterrichtet. Was an bescheidenen Funden von Schmuck und Trachtbestandteilen vorliegt, sticht aus dem üblichen Fundmaterial der Provinz Raetien nicht hervor. Auch die Keramik oder sonstige Funde verraten keine außergewöhnlichen fremden Einflüsse. Um hier Sicherheit zu gewinnen, fehlen allerdings die Grabfunde, denn Grabbeigaben – ganz abgesehen von Inschriften auf Grabbauten und -steinen – weisen gelegentlich durchaus auf individuelle Details der Bestatteten hin, so z. B. durch militärische Tracht auf die Tatsache, dass der Gutsherr vorher Soldat war und erst als in Ehren verabschiedeter Veteran seinen Lebensabend als Landwirt beschloss. Einige Funde deuten aber durchaus an, dass hier in der wirtschaftlichen Blütezeit der Grenzzone im ersten Drittel des 3. Jhs. n. Chr. bis zum Ende im Jahr 254 n. Chr. ein bescheidener Wohlstand herrschte, der auf den lukrativen Verkauf von landwirtschaftlichen Produkten an das Militär in Pfünz und an die Vicusbewohner in Nassenfels und Pfünz erzielt werden konnte. Getreide und Heu dürften hier im Vordergrund gestanden haben, aber auch mit dem Verkauf von Fleisch, Fleischprodukten und Käse ist zu rechnen. Daneben konnten der Obst- und Gemüsegarten sowie der Hühnerhof Obst, Kräuter, Salat, Gemüse, Eier und Geflügel liefern. Im Herbst fanden sicherlich auch Pilze und Beeren aus den Wäldern um die Villa ihre Abnehmer.

Dieser Wohlstand war allerdings von dem Luxus, in dem man in palastartigen Großvillen lebte, weit entfernt. Siegelringe mit Steineinlagen deuten an, dass es Urkunden, Testamente und geschäftliche Transaktionen gab, die juristisch korrekt besiegelt werden mussten. Im Haus belegen Schmuckkästchen, aufwendigeres Gerät wie Leuchter aus Metall oder Bronzegefäße, wie das exotische Stück aus Britannien, dass man über einen gewissen Geschmack und Lebensstandard verfügte. Auch die Tatsache, dass beim guten Geschirr teureren Glasgefäßen vor der billigeren Keramik der Vorzug gegeben wurde, spricht dafür. Dieser eher bescheidene Wohlstand führte allerdings zu einem erheblichen Sicherheitsbedürfnis, wahrscheinlich nicht ohne Grund. Die Türen waren, wie die zahlreichen Funde von Schlossbestandteilen und Schlüsseln (immerhin 18 Stück!) zeigen, sämtlich verschließbar. Auch massive Fenstergitter sind belegt. Dass der Hof von entsprechend geeigneten Hunden gesichert wurde, ist vorauszusetzen. Trotz der Nähe zum Militär an der Grenze herrschte im römischen Reich auch in Friedensperioden nicht eine durch Polizei garantierte Sicherheit und Rechtssicherheit, wie wir das heute so selbstverständlich finden. Landstreicher und Räuber im Inneren der Provinzen sorgten genauso für ständige Beunruhigung wie kleinere Barbarentrupps *(„latrunculi")*, die trotz aller Bemühungen der Grenztruppen immer wieder von außerhalb in die Grenzprovinzen einsickerten. Da es im Hinterland keine Polizei im modernen Sinne gab, musste man sich, so gut es eben ging, selbst schützen. Offensichtlich wurde die Villa am Ende vor ihrer Zerstörung systematisch ausgeräumt. Ob dies durch Plünderer geschah oder ob die Bewohner wesentliche Teile ihres Besitzes noch in Sicherheit bringen konnten, ist heute nicht mehr zu klären.

GESCHICHTE UND ENDE DER VILLA RUSTICA VON MÖCKENLOHE

Wahrscheinlich angeregt durch ein staatliches Förderungsprogramm, siedelte sich in Möckenlohe in der ersten Hälfte des 2. Jhs. n. Chr. ein im regionalen Vergleich eher kleinerer landwirtschaftlicher Betrieb in Form eines Einzelhofes an. Dies geschah unter den Kaisern Traian (98–117 n. Chr.) oder eher Hadrian (117–138 n. Chr.). In dieser Zeit kann man eine systematische Aufsiedlung des Limeshinterlandes durch Gutshöfe beobachten, die sicherlich nicht zufällig ist. Vielmehr steckt hier staatliche Lenkung dahinter, um das Militär der Grenzzone aus seinem unmittelbaren Umland zu ernähren. Wahrscheinlich hat man dazu – verbunden mit allerlei finanziellen und steuerlichen Anreizen – gezielt Veteranen von Hilfstruppen angesiedelt, die nach dem Ende der Dakerkriege Traians (101–106 n. Chr.) in größerer Anzahl ihre ersehnte ehrenvolle Entlassung *(missio hones-*

ta) samt dem begehrten römischen Bürgerrecht erhielten. Ob Möckenlohe als Pachthof auf Staatsgrund, im Rahmen eines privaten Großgrundbesitzes oder als kleinbäuerliche Besitzeinheit gegründet worden ist, bleibt unklar. Schwierig ist die Schätzung der Anzahl der Bewohner. Wenn man annimmt, dass ein Teil des Gesindes in Nebengebäuden wohnte, so kann man wohl von ca. 10–15 Bewohnern (einschließlich Kindern) ausgehen. Dies ist aber eine reine Schätzung. In Zeiten erhöhten Arbeitsanfalls, etwa beim Einbringen der Ernte, konnte man sicherlich auf zusätzliche Saisonarbeiter, etwa aus den Vici, zurückgreifen.

Bescheidene Anfänge in Form einer Holzvilla sind zwar belegt, da aber von diesem Hof noch wenig bekannt ist, wissen wir nicht, ob von Anfang an ein gewisser Lebensstandard vorhanden war, oder ob hier eine Pionier- und Gründergeneration noch unter harten, bescheidenen Lebensumständen wirtschaften musste. Doch die Landwirtschaft auf fruchtbaren Böden mit gutem Zugang zu zahlungskräftigen Abnehmern bei Militär und Zivilisten muss sich gelohnt haben: Spätestens in der dritten Generation war genügend Geld vorhanden, um einen steinernen Gutshof mit repräsentativer Architektur, Fußbodenheizung und Wandmalereien zu errichten. Diese Hochkonjunktur in der Grenzzone, von deren Abglanz auch der bescheidene Wohlstand der Bewohner der Villa herrührte, geht auf die zunehmende Bevorzugung des Militärs durch die römischen Kaiser zurück. Von Kaiser Septimius Severus (193–211 n. Chr.), der seine Herrschaft einem Militärputsch verdankte, stammen angeblich die letzten Worte an seine Söhne, die ihm gemeinsam in der Herrschaft folgen sollten: „Bleibt einig, bereichert die Soldaten, um alles andere kümmert euch nicht!" Dies muss man durchaus ernst nehmen, denn die ersten Jahrzehnte des 3. Jhs. sind in der Grenzzone am Rhein, am Limes und im Donauraum in der Tat mit einem steigenden Lebensstandard verbunden.

Doch das Ende kam plötzlich und war schrecklich: Die Villa rustica wurde nicht von ihren Bewohnern friedlich verlassen und verfiel dann, sie endete vielmehr plötzlich und mit Gewalt, höchstwahrscheinlich im Jahr 254 n. Chr. (s. u. S. 63f.), als der raetische Limes in der Regierungszeit des Soldatenkaisers Valerian I. (253–260 n. Chr.) aus heiterem Himmel von Germanen überrannt wurde (Abb. 42). Was mit den Bewohnern geschah – ob sie sich noch in Sicherheit bringen konnten, ob sie ermordet oder als Sklaven verschleppt wurden –, wissen wir nicht. Trotz aller örtlichen Abwehrerfolge war es Rom nicht mehr möglich, das Grenzverteidigungssystem des raetischen Limes wiederherzustellen; die Gebiete zwischen Donau und Limes wurden aufgegeben. So kam es auch, dass nach der Katastrophe von 254 n. Chr. auch die Villa von Möckenlohe nie wieder aufgebaut wurde. Man plünderte ab dem späteren Mittelalter das Steinmaterial der Ruine, und durch kontinuierliche landwirtschaftliche Nutzung verschwand der Gutshof völlig von der Oberfläche.

Abb. 42: Münzportrait des römischen Kaisers Valerian I. (253–260 n. Chr.), unter dessen Regierungszeit die Villa von Möckenlohe 254 n. Chr. zerstört wurde. Foto: A. Pangerl.

Besonders eindrücklich sind die Spuren von 254 n. Chr. auch im benachbarten Kastell und Vicus von Pfünz festgestellt worden: Sie sind ebenfalls in einer großen Brandkatastrophe untergegangen. Zeugnisse davon sind zahlreich: ein Münzschatz (Schlussmünze 232 n. Chr.) im Dolichenus-Heiligtum des Lagerdorfes, das Ende der Münzreihe vor 254 n. Chr., überall Brandschutt mit Anreicherung von Metallfunden, die unter normalen Umständen sorgsam wiederverwendet worden wären. Und schließlich zeigen dies die im Brandschutt verstreut herumliegenden Überreste von Menschen, die niemand mehr bestattet hat. Wie schnell und brutal ohne Vorwarnung der Überfall gekommen war, zeigt sich am Schicksal eines in einem Seitenraum des Mittelgebäudes mit Eisenketten gefesselten Gefangenen. Seine Beinknochen steckten noch in den Fesseln, als die Ausgräber sie freilegten.

II DIE RÖMISCHE LANDWIRTSCHAFT IN BAYERN

GESCHICHTE DES RÖMISCHEN BAYERN

Einführung

Das Bild, das die einschlägigen Medien auf der Grundlage der aktuellen Forschung bisher von der Lebenswelt der Römerzeit im mediterranen Raum für den interessierten Laien gezeichnet haben, ist einseitig von den Städten geprägt. Dies geht sicherlich auf die vielen gut erhaltenen Ruinenstädte zurück, die im Mittelmeerraum das hauptsächliche Arbeitsgebiet der klassischen Archäologen darstellen. Überreste ländlicher Siedlungen treten dagegen kaum hervor, sieht man von der Freilegung und Erforschung von Mosaiken in Großvillen Nordafrikas ab. Doch war die Stadt sicherlich nur ein kleinerer Ausschnitt der antiken Lebenswirklichkeit: Der ganz überwiegende Teil der Bevölkerung des römischen Reiches in der Kaiserzeit lebte auf dem Lande! Dort waren sie hauptsächlich in der Landwirtschaft, der Grundlage der Wirtschaft in der Antike, beschäftigt. Die Erforschung der ländlichen Räume der Römerzeit im Mittelmeerraum hat allerdings erst in Ansätzen begonnen. Etwas besser und ausgewogener ist der Forschungsstand in den Nordwestprovinzen des Reiches, etwa den Grenzprovinzen am Rhein und an der oberen Donau. Hier hat sich die Forschung seit ihren Anfängen mit römischen Villen bzw. mit römischer Landwirtschaft beschäftigt.

Dieses Thema „Landwirtschaft der Römerzeit" hat vielerlei Facetten: vom Bodenrecht über soziale Fragen, etwa dem Verhältnis der Pächter *(coloni)* zu Großgrundbesitzern und dem Anteil von freien Bauern auf eigenem Grundbesitz, von der Landvermessung bis hin zur Agrartechnik, von angebauten Nutzpflanzen bis zu Haustieren. Und schließlich umfasst es auch Bau- und Siedlungsformen, die mit landwirtschaftlichen Betrieben zusammenhängen.

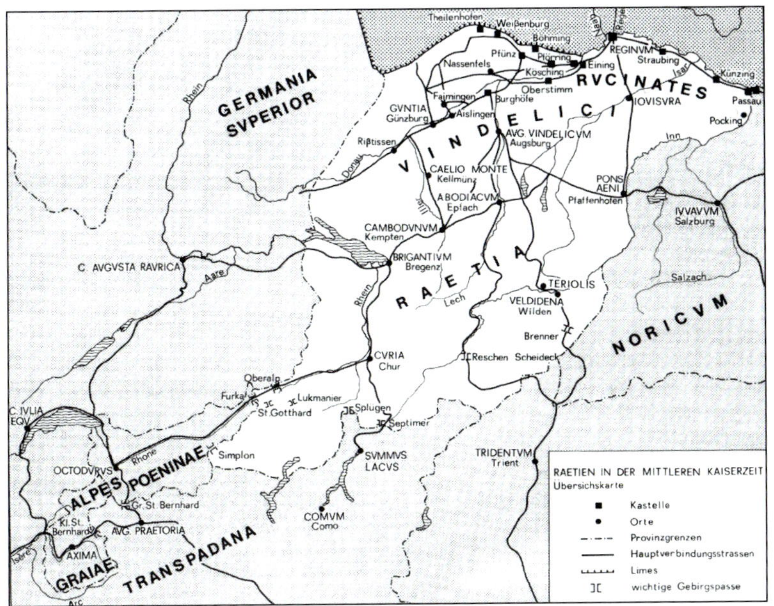

Abb. 43: Karte des römischen Bayern um 200 n. Chr. Nach Dietz/Fischer.

Dies alles ist ein weites Feld v. a. der Provinzialrömischen Forschung, die neben der Alten Geschichte zunehmend von Naturwissenschaften, wie Archäobotanik, Archäozoologie oder Bodenkunde, unterstützt wird. Es soll in diesem Beitrag darum gehen, diejenige Art von Besiedlung außerhalb der Städte, Vici und Militärlager während der römischen Kaiserzeit zu skizzieren, die überwiegend von der Landwirtschaft geprägt war. Inzwischen ist zum Thema in Bayern durch zahllose Ausgrabungen und Publikationen ein relativ guter Forschungsstand erreicht. So wird es in den folgenden Zeilen auch nur in Ausnahmefällen nötig sein, zur Erläuterung bestimmter Sachverhalte auf Beispiele außerhalb Bayerns zurückzugreifen.

Römisches Bayern

Zunächst soll der Begriff „Römisches Bayern" kurz geklärt werden: Das Gebiet des heutigen Freistaates hatte in der Römerzeit (15 v. Chr. – Mitte 5. Jh. n. Chr.) Anteil an drei Provinzen des römischen Reiches mit militärisch gesicherten West- und Nordgrenzen: Obergermanien (Germania Superior), Raetien (Raetia) und Noricum (Abb. 43). In all diesen Provinzen sicherten Einheiten der römischen Berufsarmee die Außengrenzen nach Norden gegen germanische Stämme ab. Auf dem Gebiet des heutigen Freistaates Bayern lag der größte Teil der römischen Provinz Raetien. Im Jahr 15 v. Chr. eroberten die Legionen des Kaisers Augustus (27 v. Chr.–14 n. Chr.) unter Führung der Prinzen Drusus und Tiberius das zentrale Alpengebiet und die heute bayerischen Teile des Voralpenlandes. Vorher war dieses Gebiet im Alpenbereich von den Stämmen der Raeter besiedelt, die der späteren Provinz ihren Namen geben sollten. Im Voralpenland lebten keltische Stämme, wie die Vindeliker oder die Licati. Neuere Forschungen zeigen, dass die Römer zwischen Alpen und Donau die keltische Kultur nicht mehr in ihrer Blüte antrafen, sondern in einem fortgeschrittenen Stadium der Auflösung, aller Wahrscheinlichkeit nach verursacht durch innere Wirren und die Auseinandersetzungen mit aus dem Norden eindringenden Germanenstämmen. Die großen stadtähnlichen Zentralsiedlungen der Kelten *(oppida)*, wie Manching oder Kelheim, waren jedenfalls zur Zeit des Alpenfeldzugs längst verlassen. Daher war dieser Raum auch in der Römerzeit mangels einer größeren einheimisch-vorrömischen Bevölkerung nur eher dünn besiedelte.

Das Gebiet, das durch den Alpenfeldzug von 15 v. Chr. durch Rom besetzt und wohl schon unter Tiberius (14–37 n. Chr.) als römische Provinz Raetia organisiert wurde, umfasste rund 80 000 m^2. Außer dem bayerischen und württembergischen Teil im Norden gehörten dazu die Südostschweiz, Vorarlberg, Teile Tirols (einschließlich Südtirols) und große Bereiche der Zentralalpen. Der größte Teil Raetiens im heutigen Freistaats Bayern lag im nördlichen Alpenvorland zwischen Bodensee, Donau und Inn bzw. später dem raetischen Limesgebiet nördlich der Donau. Im Verlauf der mehr als 400-jährigen römischen Geschichte dieser Gebiete hatte man Legionen und Hilfstruppen in nur vorübergehend belegten oder festen Garnisonsorten und an wechselnden Grenzlinien bzw. deren Hinterland stationiert. Sie nahmen hier an der Nordgrenze des römischen Reiches eine wichtige Funktion wahr, nämlich den Schutz Italiens und der Reichshauptstadt Rom gegen die Germanen. Bis zum Ende der römischen Herrschaft nördlich der Alpen um die Mitte des 5. Jhs. n. Chr. ist dies den Römern trotz aller dramatischen Rückschläge immer wieder gelungen. Die römischen Provinzen Obergermanien und Noricum sind auf dem heute bayerischen Gebiet nur in kleinen Ausschnitten im äußersten Westen und Osten vertreten. Die erste

Hauptstadt der Provinz Raetien war im 1. Jh. n. Chr. *Cambodunum* / Kempten, spätestens seit der Regierungszeit des Kaisers Hadrian (117–138 n. Chr.) wurde der Statthaltersitz nach *Augusta Vindelicum* / Augsburg verlegt. Hadrian hat den vorherigen Garnisonsort auch zur Stadt *(municipium)* mit dem zweithöchsten römischen Stadtrecht erhoben. Verwaltet wurde die Provinz ohne Legionsbesatzung von einem ritterlichen *procurator*. Dies änderte sich ab 179 n. Chr., als nach den Markomannenkriegen die 3. Italische Legion ihr Lager in Regensburg bezog und ihr aus dem Senatorenstand stammender Kommandeur, der Legionslegat, gleichzeitig Provinzstatthalter *(legatus Augusti pro praetore)* wurde.

Das eroberte Gebiet wurde zunächst von der römischen Armee verwaltet und gesichert. Mit einer größeren einheimisch-vorrömischen Bevölkerung ist sicherlich nicht zu rechnen, Raetien blieb immer relativ dünn besiedelt. Man errichtete anfangs Binnenlandgarnisonen entlang der wichtigsten Straßen, etwa in Augsburg oder entlang der Straße Salzburg–Kempten–Bregenz. Um die Mitte des 1. Jhs. n. Chr. begannen die Römer, die Nordgrenze zu den Germanen in mehreren Etappen vorzuverlegen und militärisch zu sichern. Zunächst erreichte man die Donaugrenze, dann griff man in das Gebiet nördlich des Stromes aus und der raetische Limes entstand so in mehreren Etappen (Abb. 44a).

Eine militärisch gesicherte Grenze der römischen Kaiserzeit wird in der modernen Forschung, ebenso wie schon in der Antike, als Limes bezeichnet. Der Begriff beinhaltet die eigentliche Grenzmarkierung durch eine künstlich errichtete Sperranlage, z. B. eine Palisade, eine Mauer oder Erdwälle und Gräben. Dazu kommt ein System von grenzbegleitenden Militärstraßen, ein Signalsystem aus auf Sichtweite errichteten Türmen sowie ein Netz aus größeren und kleineren Kastellen, die, mit Straßen verbunden, zum Kontroll- und Verteidigungssystem des Limes gehören. Ersetzte ein Fluss die künstlichen Grenzmarkierungen, so wurde für solche Grenzabschnitte in der Antike das Wort *„ripa"* (ursprünglich „Ufer") in gleicher Bedeutung wie *„limes"* verwendet. All diese *limites* und *ripae* stellten kein starres militärisches Verteidigungssystem dar. Vielmehr dienten sie v. a. der Kontrolle des Grenzverkehrs und – damit verbunden – der Erhebung von Zöllen. Auch sollten die *limites* das Eindringen kleinerer Räuberbanden vereiteln und als Signalsystem umfangreichere Invasionen ausmachen und lokalisieren. Solche größeren At-

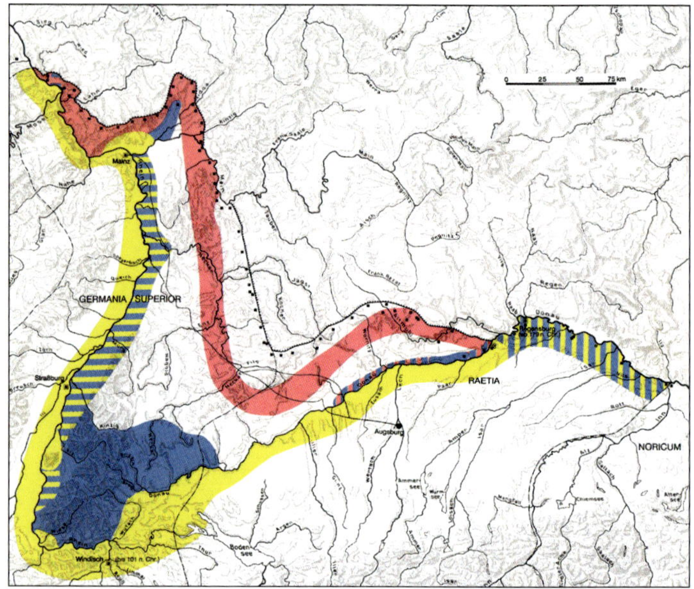

Abb. 44a: Die Entwicklungsphasen des obergermanisch-raetischen Limes: gelb: Claudische Phase, blau: flavische Phase, rot: traianische Phase; vorgelagert: äußerer Limes ab Mitte des 2. Jhs. n. Chr. Nach Fischer/Riedmeier-Fischer.

tacken von außen mussten dann im Bewegungskrieg durch größere Heere bekämpft werden, die aus dem Inneren der Provinz oder gar von anderen Grenzabschnitten herangeführt wurden.

Der raetische Limes verdankt seine Entstehung einer schweren Krise des Reiches: In den Bürgerkriegen der Jahre 68/69 n. Chr., die sich nach der Absetzung und dem Selbstmord des Kaisers Nero (54–68 n. Chr.) anschlossen, geriet auch Raetien zwischen die Fronten. Von den vier Rivalen um Neros Nachfolge im Vierkaiserjahr 68 n. Chr., Galba, Otho, Vitellius und Vespasian, konnte sich schließlich Letzterer siegreich durchsetzen, der damit mit seinen Söhnen Titus und Domitian die flavische Dynastie gründete. Im Rahmen der Kämpfe wurden auch Siedlungen und Kastelle zerstört, so etwa *Cambodunum* / Kempten und *Augusta Vindelicum* / Augsburg. Viele dieser Kastelle an der Donau hat man dann in frühflavischer Zeit wieder repariert oder neu erbaut, bald aber im Rahmen der Vorverlegung des Limes in das Gebiet nördlich der Donau wieder geräumt, wobei die Zivilsied-

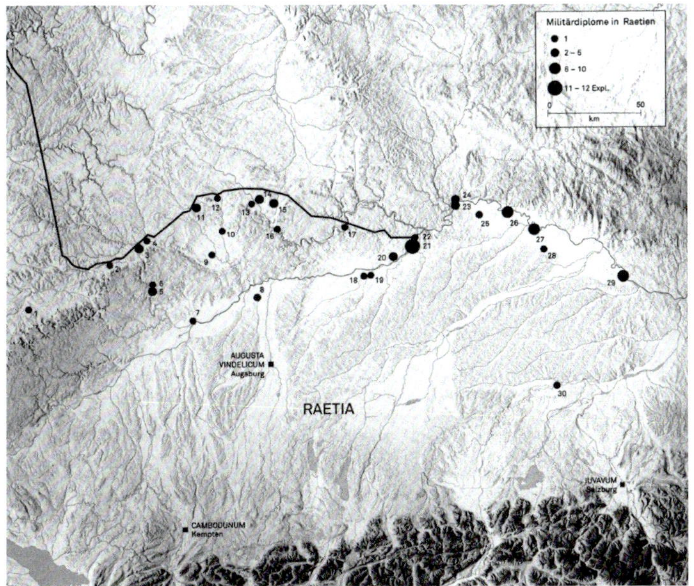

Abb. 44b: Fundorte von Militärdiplomen (Entlassungsurkunden von Hilfstruppensoldaten) in der Provinz Raetien. 1) Owen; 2) Unterböbingen; 3) Aalen; 4) Rainau-Buch; 5) Heidenheim; 6) Heidenheim-Schnaitheim; 7) Faimingen; 8) Burghöfe; 9) Nördlingen; 10) Munningen; 11) Ruffenhofen; 12) Dambach; 13) Gnotzheim; 14) Theilenhofen; 15) Weißenburg; 16) Pappenheim; 17) Böhming; 18) Oberstimm; 19) Manching; 20) Pförring; 21) Eining; 22) Eining-Unterfeld; 23) Regensburg-Kumpfmühl; 24) Regensburg „Donausiedlung"; 25) Alteglofsheim; 26) Pfatter; 27) Straubing; 28) Oberschneiding; 29) Künzing; 30) Töging a. Inn. Nach Steidl.

lungen (Kastellvici) dieser Anlagen in der Regel als zivile kleinstädtische Siedlungen weiterexistierten. Die militärischen Operationen während des Kriege nach Neros Tod hatten deutlich gezeigt, dass der Umweg, den die Truppen aus dem Donauraum ins Rheinland über obere Donau, Bodensee und Oberrhein nehmen mussten, höchst unpraktisch war. Vespasian machte sich, kaum dass die ersten Schäden des Krieges beseitigt waren, an die Änderung dieses Zustandes. Er ließ 74/75 n. Chr. eine Straße von *Argentorate* / Straßburg über den Schwarzwald bis zur oberen Donau in Raetien bauen und durch feste Truppenlager sichern. Wichtigster militärischer Stützpunkt an dieser Route war *Arae Flaviae* / Rottweil. Nun wurden die Wetterau und das rechte Rheinufer besetzt. Auch in Raetien erfolgten Veränderungen an der Grenze durch Vespasian und seinen Sohn und Nachfolger Titus. Rom griff durch Gründungen von Kastellen und den Bau von Straßen auf die Gebiete nördlich der Donau aus. Die Flavier ließen auch die Lücke in der linearen Besetzung der Donau östlich von Oberstimm schließen. Es entstanden Auxiliarkastelle in Eining, Regensburg-Kumpfmühl, Straubing, Moos-Burgstall und Passau (?).

Weiter im Westen hat Domitian mit der Eroberung des Taunus, der Wetterau und des Ausbaus der Neckar-Linie die Grundlagen für den durchgehenden obergermanisch-raetischen Limes gelegt. Auch in Raetien kamen nun die Dinge in Bewegung, denn die Maßnahmen in dem Gebiet westlich Raetiens bedingten ein entsprechendes Vorgehen weiter östlich: Wohl schon in den ersten Jahren der Regierungszeit Domitians wurde die obere Donau als Grenze aufgegeben und auf der Höhe der Schwäbischen Alb eine Kastellkette errichtet. Nördlich der Donau waren die Kastelle Weißenburg, Munningen, Nördlingen, Oberndorf am Ipf und Heidenheim entstanden, um eine Verbindung zum sog. Alblimes herzustellen. Sowohl in Obergermanien, als auch in Raetien geht aber das Konzept einer durchgehenden linearen militärisch gesicherten Grenze, also des obergermanisch-raetischen Limes, erst auf Kaiser Traian zurück, der sich genötigt sah, an der mittleren Donau in den Jahren 101–106 n. Chr. die sog. Dakerkriege zu führen. Dazu musste er die westlich davon liegenden Grenzprovinzen neu durchorganisieren und nach außen absichern. Auf diese Weise entstand in Obergermanien und Raetien eine lückenlose militärische Grenzsicherung durch *limites* von Rheinbrohl (Rheinland-Pfalz) bis *Abusina* / Eining. Nach Eining sicherte die Flussgrenze *(ripa Danuvii provinciae Raetiae)* den östlichen Teil Raetiens an der Donau bis nach Passau.

In die Zeit nach den Dakerkriegen Traians, also in das 2. und 3. Jahrzehnt des 2. Jhs. n. Chr., wird auch mit guten Gründen die planmäßige Aufsiedlung des raetischen Limeshinterlandes durch in Ehren entlassene Veteranen der Dakerkriege und später datiert, wie es der plötzlich auftretende Siedlungsschub durch Gründung von Villae rusticae sowie die zu beobachtende Zunahme und Verbreitung von Militärdiplomen in Raetien annehmen lassen. Diese auf Bronzetafeln geschriebenen Entlassungsurkunden römischer Hilfstruppensoldaten konzentrieren sich besonders im Limeshinterland und in der Zone der Donaugrenze (Abb. 44b). Eine solche plötzliche Ausweitung der ländlichen Besiedlung in diesem Raum ist mit der regulären Bevölkerungszunahme der sonst eher dünn besiedelten Provinz alleine sicherlich nicht zu erklären. Zusätzlich dürften finanzielle und steuerliche Anreize diesen Prozess, der eine autarke Versorgung des Grenzheeres aus seinem Hinterland erfolgreich gewährleistet hat, noch unterstützt haben. W. Czysz schätzt, dass im frühen 2. Jh. n. Chr. in kürzester Zeit ca. 500 Villen mit ca. 5000–15000 Bewohnern entstanden sind (s. Karte in der hinteren Umschlagklappe). Auch die Villa von Möckenlohe verdankt mit hoher Wahrscheinlichkeit diesem staatlichen „Konjunkturprogramm" ihre Existenz.

In der Zeit des Kaisers Antoninus Pius (138–161 n. Chr.) hat Rom den obergermanische Limes noch einmal vorgeschoben („vorderer Limes"). Dies hatte zur Folge, dass man nun auch in Raetien den Anschluss an diese neue Trassenführung herstellen musste. Aber auch im Bereich der schon länger bestehenden Abschnitte des raetischen Limes kam es in dieser Zeit zu weiteren Baumaßnahmen: Die in Holz-Erde-Bauweise errichteten Wehranlagen der Kastelle verstärkte man vielerorts durch Steinmauern mit festen steinernen Türmen und Toren. Dies belegen u. a. zahlreiche Bauinschriften dieser Zeit. Offensichtlich hatten erste Unruhen und Konflikte zwischen den germanischen Völkerschaften nördlich der Donau die Römer alarmiert. Unter dem Kaiser Marcus Aurelius (161–180 n. Chr.) haben sich dann diese innergermanischen Spannungen in aggressiven Einfällen in das römische Reich entladen. Diese von den Römern nur mit großen Mühen zurückgeworfenen Einfälle germanischer und anderer Völkerschaften sind als Markomannenkriege in die Geschichte eingegangen. Obwohl der Schwerpunkt dieser Auseinandersetzungen zwischen Rom und den Germanenstämmen des norisch-pannonischen Limesvorlandes hauptsächlich im mittleren Donauraum lag, kam es auch am raetischen Limes zu Zerstörungen, etwa in Straubing und Regensburg-Kumpfmühl (kurz nach 172 n. Chr.). Darüber hinaus gibt es Hinweise, dass die von römischen Truppen aus dem Osten eingeschleppte Pest auch im römischen Bayern ihre Opfer fand. Die Provinzhauptstadt *Augusta Vindelicum* / Augsburg war zumindest bedroht; hier errichteten Teile der neu in Raetien stationierten 3. Italischen Legion nun eine steinerne Stadtbefestigung. Der größere Teil dieser Legion war in den Jahren nach 172 n. Chr., also nach der Zerstörung des Kastells Regensburg-Kumpfmühl, und vor 179 n. Chr., laut Bauinschrift dem Jahr der Fertigstellung des Regensburger Legionslagers, zusammen mit berittenen Hilfstruppensoldaten in dem Lager von Eining-Unterfeld stationiert. Von hier aus hat man wohl in die Provinz eingedrungene Germanentrupps verjagt und den wichtigen Donauübergang der Straße von Mainz durch das Limesgebiet gesichert. Nach Erfüllung dieser Aufgaben und nach der Fertigstellung der Augsburger Stadtmauer und des Regensburger Legionslagers wurde die Legion nun am nördlichsten Punkt des Stromes an der Mündung des Flusses Regen in die Donau stationiert und erhielt nach diesem Fluss den Name *Reginum*. Damit wurde die militärische Sicherung Raetiens beinahe bis zum Ende der römischen Herrschaft in Bayern wesentlich verstärkt. Zusätzlich entstand bei Regensburg-Großprüfening ein Kleinkastell zur Kontrolle der Regenmündung. In den kriegsgeschädigten Gebieten des Reiches, v. a. in Noricum und in Pannonien, waren die Jahre nach 180 n. Chr. durch den Wiederaufbau des Zerstörten und Maßnahmen zur zusätzlichen Festigung und Sicherung der nördlichen Reichsgrenze bestimmt. Eine letzte übergreifende Baumaßnahme erfolgte am raetischen Limes durch die Errichtung einer massiven Steinmauer als Grenzmarkierung unter Septimius Severus. Nach jüngsten Erkenntnissen durch Ausgrabungen bei Dambach wurde dort die Mauer auf einem Pfahlrost errichtet, dessen Bäume im Winter 206/207 n. Chr. geschlagen worden sind.

Krise des 3. Jahrhunderts und Aufgabe des Limes

Im Gefolge der Markomannenkriege waren im Vorfeld des Limes neue, größere und straffer geführte germanische Stammesverbände entstanden, deren klares Ziel offensichtlich Plünderungszüge bis tief in die römischen Provinzen hinein, ja bis nach Italien selbst, bildeten. Unter der Herrschaft des Severus Alexander (222–235 n. Chr.) kam es in Obergermanien im Vorfeld von Mainz erstmals zu einem größeren Einfall im Limesgebiet, als der Kaiser an der Euphratgrenze Krieg mit den Parthern führte. Diese konnten nach der Ermordung des Severus Alexander durch den neuen Kaiser Maximinus Thrax (235–238 n. Chr.) noch einmal zurückgeschlagen und mit einem Rachefeldzug tief nach Germanien hinein beantwortet werden. Seitdem war die Lage des Reiches immer schwieriger geworden, die Epoche der Soldatenkaiser und der allgemeinen Krise des römischen Reiches hatte begonnen. An allen Grenzen hatte sich Rom gegen mächtige Feinde zu wehren, an Rhein und Donau gegen zunehmend besser organisierte und militärisch schlagkräftige germanische Völkergruppen, im Orient gegen die Parther bzw. Perser, und sogar in Afrika machten kriegerische Wüstenstämme zu schaffen. Gleichzeitig schwächte sich in der Periode der sog. Soldatenkaiser das Reich selbst durch zahlreiche Bürgerkriege, weil die von verschiedenen Heeren ausgerufenen Kaiser sich alle paar Jahre blutig bekämpften.

Die inneren und äußeren Kriege kosteten Geld, sie und die feindlichen Verheerungen und Plünderungen brachten Wirtschaftskrisen mit sich und vernichteten so den Wohlstand der Provinzen. Nach neuesten Forschungen scheint eine spürbare Verschlechterung des Klimas zu dieser Entwicklung beigetragen zu haben (s. S. 142ff.). Wirtschaftlicher Niedergang und Inflation waren die Folge. Der sich ständig verschärfende Teufelskreis aus Bürgerkrieg und äußerer Gefährdung im Osten und im Norden brachte schließlich sogar den Zusammenbruch des raetischen Limes unter Kaiser Valerian: Noch als Feldherr hatte er gerade die Front am Rhein und in Raetien stabilisiert, da wurde er 253 n. Chr. von seinen siegreichen Truppen in Raetien zum Gegenkaiser gegen den gerade durch einen Militärputsch zur Herrschaft gekommenen General Aemilian zum Kaiser ausgerufen. Bevor es zum Entscheidungskampf der beiden Gegenkaiser kommen konnte, fiel Aemilian einem Mordanschlag zum Opfer. Noch 253 n. Chr., während sich sein Sohn und Mitregent Gallienus in Pannonien aufhielt, um eingebrochene Barbarenstämme zu bekämpfen, zog Valerian nun mit dem Großteil der Armee der germanischen Provinzen und der Armee Raetiens nach Italien, um dort seine Herrschaft durch den Besitz der Hauptstadt Rom zu sichern. Dies gelang zwar, doch der neue Kaiser (Abb. 42) beging einen verhängnisvollen Fehler: Er schickte die Truppen nicht mehr in ihre Garnisonen an Rhein und Donau zurück, wo man sie dringend benötigt hätte, sondern führte sie zusammen mit weiteren Truppen nach dem Osten, wo gerade der Großkönig Schapur I. (242–272 n. Chr.) das neupersische Reich gegründet hatte und über die römischen Provinzen herfiel. Bei dieser Auseinandersetzung zogen die Römer den Kürzeren: 260 n. Chr. wurde Valerian als erster römischer Kaiser von den Persern nicht nur besiegt, sondern sogar lebend gefangengenommen. Auch seine Armee, soweit sie nicht getötet wurde, geriet in Gefangenschaft.

Doch zurück nach Raetien: Bald nach dem Abzug Valerians fielen germanische Stämme, offensichtlich über die innerrömi-

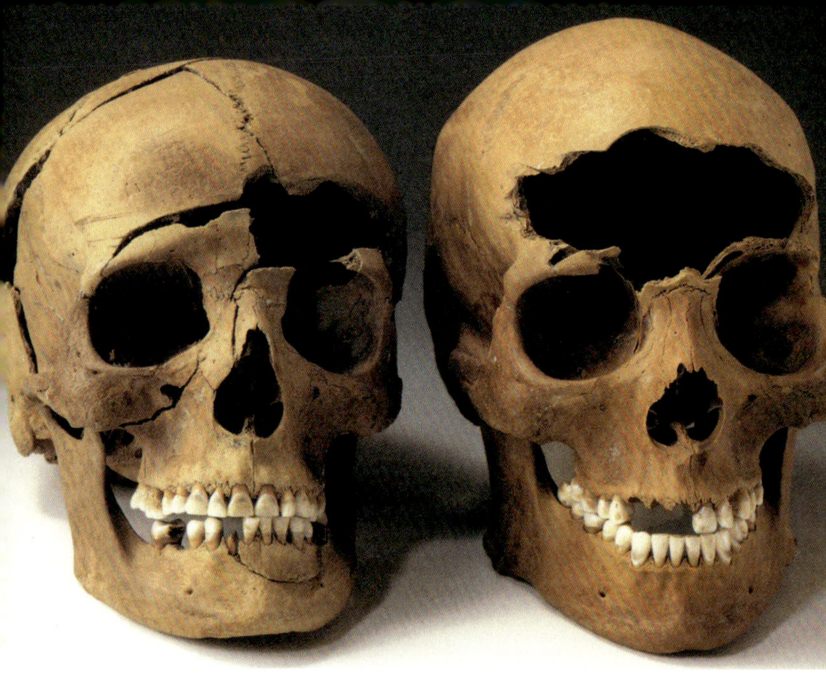

Abb. 45: Regensburg-Harting, Schädel ermordeter Römer aus Brunnen einer Villa rustica. Die beiden erwachsenen Personen gehörten zu einer römischen Bauernfamilie, die bei einem Germaneneinfall, wahrscheinlich 254 n. Chr., im Rahmen eines grausigen Rituals abgeschlachtet wurden. Die Frau (l.) weist Verletzung durch Schwerthiebe und Skalpierschnitte auf, dem Mann (r.) wurde, ebenso wie der Frau, die Stirn eingeschlagen. Nach Dietz/Fischer.

schen Entwicklungen bestens informiert, über die geschwächte Grenzwehr her. Sie durchbrachen den Limes und die Flussgrenzen an Rhein und Donau und drangen tief nach Germanien, Gallien und Raetien ein. In Obergermanien konnte der Limes noch einmal gehalten werden, aber die Grenzlinie und das Hinterland in Raetien überrannten die offenbar gut organisierten Heerscharen ohne Vorwarnung aus heiterem Himmel: Kastelle, Vici und Villen wurden geplündert und in Brand gesteckt, die Bevölkerung, soweit sie nicht noch fliehen konnte, wurde erschlagen oder verschleppt. Der Überraschungseffekt dieser Überfälle wurde durch das hervorragende römische Straßennetz, auf dem die Barbaren rasch vorankamen, maßgeblich begünstigt. Überall in der Region finden sich in Kastellen, Vici und Villen zur selben Zeit verheerende Brandspuren. Ja, es gibt immer wieder verstreut herumliegende Überreste menschlicher Leichen in Villen, etwa in Holheim oder Weißenburg, z. T. mit Spuren von Tierverbiss, die nicht bestattet worden sind. In Harting bei Regensburg wurden mit den Überresten einer massakrierten Bauernfamilie die Brunnen einer Villa vergiftet (Abb. 45). Auch zahlreiche Hort- oder Versteckfunde bezeugen die Katastrophe. Man hat zwar seine Kostbarkeiten, wie Münzen, Schmuck, Geräte, Götterstatuetten und Bronzegefäße, noch vor der drohenden Gefahr vergraben können, doch man kam nicht mehr dazu, diese – wie geplant – wieder zu bergen.

Es ist kaum möglich, die Folgen dieser beispiellose Katastrophe zu überschätzen: W. Czysz geht davon aus, dass alleine im Hinterland des Limes aus den Villen mindestens 500 Siedlerfamilien, also 5000 bis 15 000 Menschen, Leben oder Heimat verloren haben. Von den Vicusbewohnern, Soldaten und ihren Angehörigen, ganz zu schweigen. Wohin sie geflüchtet sind, ja, wie viele überhaupt überlebt haben, ist völlig unbekannt. Das Legionslager in Regensburg konnte kaum Flüchtlinge aufnehmen – es lag selbst in Schutt und Asche. Und ob die schwer bedrängte Provinzhauptstadt Augsburg ein sicherer Platz für die Vertriebenen bieten konnte, ist schwerlich abzuschätzen.

Die Lage an Rhein und Donau wurde auch nach der Katastrophe 254 n. Chr. immer bedrohlicher und die Ereignisse überstürzten sich, so dass es heute schwer fällt, den Ablauf der Geschehnisse klar zu erkennen. Jedenfalls erreichte in den schweren Jahren 259/260 die Krise, die durch den innerrömischen Konflikt zwischen der römischen Zentralgewalt und dem abtrünnigen sog. Gallischen Sonderreich (260–274 n. Chr.) noch verschärft wurde, einen die Existenz des Reiches bedrohenden Höhepunkt. Auch in den folgenden Jahren nutzten germanische Völker, unter ihnen die Franken, Alamannen, Juthungen und Vandalen, oft solche Notlagen des Reichs zu Plünderungszügen bis nach Oberitalien und Spanien aus. Durch die heftigen Kämpfe beim Untergang des Limes, durch dauerhafte Abkommandierungen in andere Provinzen und improvisierte Zusammenlegungen von Resteinheiten sind fast sämtliche traditionellen Namen der Hilfstruppen am obergermanischen und raetischen Limes aus der Überlieferung verschwunden. Keiner der früheren Formationen von der Limesstrecke nördlich der Donau begegnet man in spätrömischer Zeit wieder. Lediglich an der Donaustrecke hat die Traditionseinheit der *coh. III Britannorum* in *Abusina* / Eining diese Krisenzeiten überlebt. Nur die Legionen, auch die 3. Italische Legion in Regensburg, existierten weiter. Das Leben der dezimierten zivilen Bevölkerung in einem stets bedrohten Land war schwierig und bescheiden geworden.

Die Spätantike

In Raetien, wie auch sonst im ganzen Reich, verbesserte sich die politisch-militärische Lage wieder, nachdem der energische Kaiser Diokletian (284–305 n. Chr.) die Herrschaft übernommen hatte. Er schuf zunächst ein neues Regierungssystem, die sog. Tetrarchie („Vierkaiserherrschaft"): Man hatte das Reich zweigeteilt; im Osten und Westen herrschte jeweils ein Kaiser mit dem Titel „Augustus", zusammen mit einem Unterkaiser, der den Titel „Caesar" führte. Diokletian und sein Nachfolger Constantin setzten nun jenes gewaltige Reformwerk in Gang, welches das römische Reich noch einmal für einen längeren Zeitraum erhalten sollte. Diese Reformen hatten auch für Raetien beträchtliche Konsequenzen: Die Provinz wurde im Laufe des 4. Jhs. zweigeteilt – in das „erste Raetien" *(Raetia prima)* und das „zweiten Raetien" *(Raetia secunda)* – durch eine der Linie Isny, Arlberg, Münstertal, Stilfserjoch folgende Nordsüdgrenze, wobei die *Raetia prima* mehrheitlich im Gebiet der heutigen Schweiz, die *Raetia secunda* mehrheitlich im heutigen Bayern und Tirol lag. Jede der beiden Provinzen wurde von einem eigenen Zivilbeamten, dem *praeses*, verwaltet, wobei der eine in Chur, der andere in Augsburg saß. Das militärische Oberkommando über die Grenztruppen beider Raetien war nicht getrennt, sondern unterstand dem „Grenzabschnittsgeneral" *(dux limitis)* mit dem Titel „General der ersten und zweiten raetischen Provinz" *(dux provinciae Raetiae primae et secundae)* mit dem Rangprädikat einer „Exzellenz" *(vir spectabilis)*.

Im Rahmen dieser Reformen hat man auch das römische Heer grundlegend verändert. Wiewohl noch die alten Bezeichnungen, wie *legio, ala* und *cohors*, in Gebrauch waren, ist doch sicher, dass die Truppen nicht mehr ihre alten Sollstärken hatten, sondern erheblich reduziert waren. Dies galt auch für die 3. Italische Legion in Regensburg, das nun *Castra Regina* hieß. Sie wurde in der Spätantike in mehrere Teileinheiten mit verschiedenen Garnisonsorten aufgespalten. Ferner wurde das römische Heer nun dauerhaft zweigeteilt: Es gab ein in den Grenzfestungen stationiertes Grenz- und ein im Hinterland beweglich operierendes Bewegungsheer. Ersteres ist durch eine Art Truppenverzeichnis des frühen 5. Jhs. n. Chr., die sog. *Notitia dignitatum*, auch für Raetien überliefert. Beide Heeresteile bestanden nun zum Großteil aus angeworbenen Germanen. Im Prinzip hat sich dieses neue System der Spätantike bewährt, allerdings nur so lange,

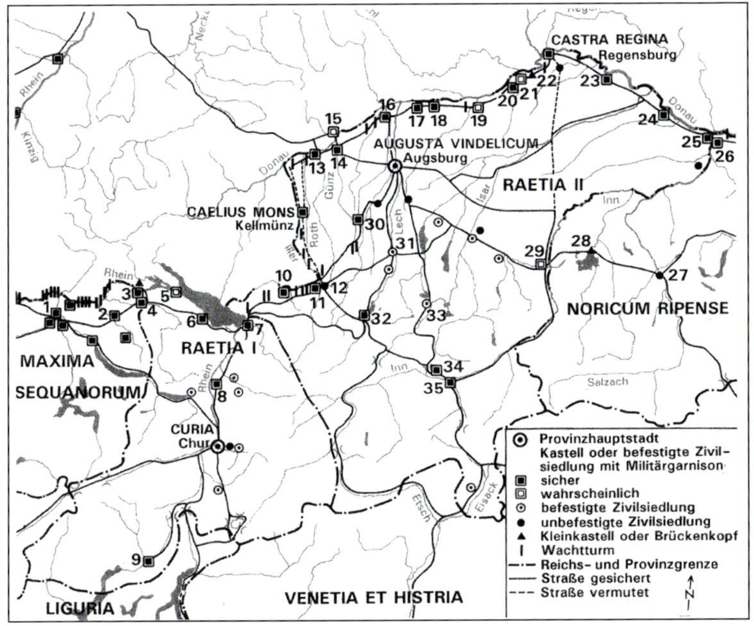

Abb. 46: Der spätrömische Donau-Iller-Rhein-Limes. 1 Windisch; 2 Oberwinterthur; 3 Burg bei Eschenz; 4 Pfyn; 5 Konstanz; 6 Arbon; 7 Bregenz; 8 Schaan; 9 Bellinzona; 10 Betmauer bei Isny; 11 Kempten Burghalde; 11a Kempten-Lindenberg; 12 Kellmünz; 13 Günzburg; 14 Bürgle bei Gundremmingen; 15 Faimingen; 16 Burghöfe; 17 Burgheim; 18 Neuburg; 19 Manching; 20 Eining; 21 Weltenburg; 22 Untersaal; 23 Straubing; 24 Künzing; 25 Passau; 26 Passau-Innstadt; 27Salzburg; 28 Seebruck; 29 Pfaffenhofen; 30 Goldberg bei Türkheim; 31 Lorenzberg bei Epfach; 32 Füssen; 33 Moosberg bei Murnau; 34 Martinsbühel bei Zirl; 35 Innsbruck-Wilten. Nach Mackensen.

bis die römische Armee sich dann in Bürgerkriegen rivalisierender Anwärter auf den Kaiserthron selbst dezimierte.

Durch den Wegfall des Limesgebietes nach 254 n. Chr. musste eine neue Verteidigungslinie entlang der neuen Grenzen herausgebildet werden, was aber erst nach einigen Jahrzehnten des Chaos gelingen sollte: Unter Diokletian richtete man ein neues durchgehendes Grenzverteidigungssystem ein, den sog. spätrömischen Donau-Iller-Rhein-Limes (Abb. 46). Viele der Grenzschutzeinheiten an Iller und Donau bis in die Gegend von Ingolstadt sind in der Zeit der Tetrarchie neu ausgehoben worden.

Nur in *Abusina* / Einig lag nach wie vor die *coh. III Britanorum*. Unter Kaiser Valentinian I. (364–375 n. Chr.) raffte sich Rom in einem letzten Kraftakt zu einer erheblichen Verstärkung der Grenzfestungen auf, auch zahlreiche Kleinfestungen *(burgi)* wurden nun errichtet. Die organisierte Grenzverteidigung in Raetien hörte erst nach Mitte des 5. Jhs. auf. Manchen Kastelle wurden einfach verlassen, andere gewaltsam zerstört, z. B. *Abusina* / Eining. Wann genau dies geschah, ist aber immer noch nicht sicher; nur eines weiß man inzwischen: Teile der römischen Bevölkerung überlebten das Ende der römischen Herrschaft und bildeten die Grundlage für die Besiedlung Bayerns im frühen Mittelalter.

Das Land zwischen Alpen und Donau war in der Spätantike wieder besiedelt, allerdings viel geringer als in der Blütezeit vor 254 n. Chr. (Abb. 47). Die Menschen lebten nun viel bescheidener, die Nachfahren der alten keltisch-römischen Provinzialbevölkerung, die die Stürme des 3. Jhs. überlebt hatten, dürften eher eine Minderheit gebildet haben. So waren die Römer gezwungen, wie es etwa aus Gallien und Germanien schriftlich überliefert ist, das Land mit Zuwanderern aus anderen Regionen des Reiches, germanischen Kriegsgefangenen oder anderswie verpflichteten germanischen Stammesteilen wieder aufzusiedeln. Nach dem noch nicht aktuell zusammenfassend ausgewerteten archäologischen Material kann man nun Menschen elb- sowie ostgermanischer Herkunft in den Grenzkastellen und den Villen zwischen Alpen und Donau identifizieren, die dann aber bald als „Römer" galten. Nach wie vor versuchte die römische Verwaltung, das Militär an der Grenze aus dem Land zu ernähren. Man kann aber den spärlichen schriftlichen Zeugnissen entnehmen, dass dies nun nicht mehr immer so problemlos gelang, wie im 1.–3. Jh. n. Chr: Zulieferung aus anderen Provinzen und aus Italien wurde notwendig.

Zum endgültigen Aus für römische Provinzverwaltung, Administration und Grenzverteidigung kam es dann spätestens 476 n. Chr., als mit der Absetzung des letzten weströmischen Kaisers Romulus Augustulus durch den germanischen Heerführer Odoaker nach landläufiger Meinung das weströmische Reich zu Ende ging. Dieser Vorgang ist durch die im frühen 6. Jh. n. Chr. verfasste Lebensbeschreibung des hl. Severin von Noricum (Kap. 20.1) in aller wünschenswerten Deutlichkeit überliefert: „Zur Zeit, als noch das römische Reich bestand, wurden die

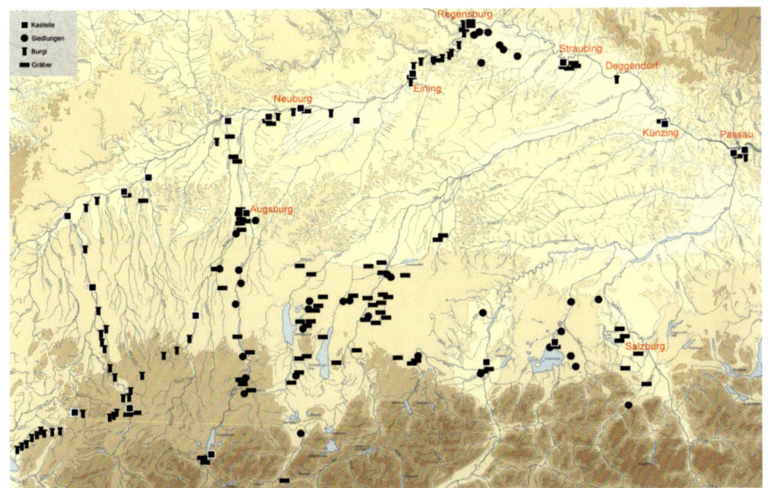

Abb. 47: Besiedlung des römischen Bayern in der Spätantike. Die stark reduzierte Besiedlung konzentriert sich nur auf die Grenzregionen an Iller und Donau, das Umland von Augsburg und Salzburg und auf die Münchner Schotterebene. Plan R. Röhrl (nach Menghin).

Soldaten vieler Städte für die Bewachung des limes aus öffentlichen Mitteln besoldet. Als diese Regelung aufhörte, zerfielen sogleich mit dem limes auch die militärischen Einheiten."

Es folgte allerdings keine herrschaftsfreie Zeit: Die Ostgoten des Königs Theoderich II. (454–526 n. Chr.) beherrschten das Land zwischen Alpen und Donau nach wie vor von Ravenna aus, denn Raetien gehörte weiterhin zur Diözese Italien. Zu den im Lande ansässigen Romanen kamen Ostgoten, Langobarden, Alamannen und andere Stammessplitter dazu. Unter ostgotischer Herrschaft hat sich dann im Lande zwischen Alpen und Donau ein neuer Stamm unter dem Herzogsgeschlecht der Agilolfinger etabliert – die Bajuwaren. Die alte Legionsfestung in Regensburg wurde zum Zentralort des neuen Staates. Dann gerieten die Ostgoten gegenüber den Byzantinern in Bedrängnis und im Jahre 493 n. Chr. überließen sie Bayern der Oberherrschaft der Franken. Nun erst begann das Mittelalter.

BESIEDLUNGSSTRUKTUR

Das meiste, das über die römische Landwirtschaft in Bayern bekannt ist, stammt nicht aus der schriftlichen Überlieferung, sondern von der Archäologie, speziell der Siedlungsarchäologie. Diese beschäftigt sich mit Siedlungen vergangener Epochen in ihrem Verhältnis zur Landschaft mit ihren naturräumlichen Voraussetzungen, in ihrem Verhältnis untereinander, zu Verkehrwegen, wirtschaftlichen Absatzgebieten und zu politischen Gegebenheiten, etwa Grenzzonen.

Die Siedlungslandschaft Bayerns, in der Römerzeit der Großteil Raetiens und der randliche Westbereich der Provinz Noricum, wies erhebliche Unterschiede zu derjenigen der heutigen Zeit auf. Es gab noch keine Dörfer im modernen Sinne als Ansammlung mehrerer landwirtschaftlicher Betriebseinheiten, wie man sie heute kennt, denn ausschließlich Einzelhöfe prägten das Bild der ländlichen Besiedlung. Sie bildeten das wirtschaftliche Rückgrat und die Grundlage der Ernährung. Besonders häufig treten diese Villen im Hinterland des Limes und der Donaugrenze sowie im Umfeld der Provinzhauptstadt *Augusta Vindelicum* / Augsburg sowie der norischen Stadt Iuvavum (Salzburg) auf. Dies gibt einen klaren Hinweis darauf, dass die Grenztruppen und die Bevölkerung der Städte aus dem angrenzenden Land heraus ernährt worden sind (s. Karte in der hinteren Umschlagklappe).

Mit der römischen Eroberung in den Ländern an Rhein und Donau änderte sich innerhalb kürzester Zeit in diesen von Kelten und Germanen besiedelten Regionen das traditionelle Gefüge der Besiedlung, denn die Römer übernahmen keinesfalls das, was sie an traditionellen keltischen und germanischen Herrschafts- und Siedlungsstrukturen vorfanden, sondern gingen kurz nach der Besetzung dieser Territorien zügig daran, die Siedlungsstruktur nach ihren eigenen Vorstellungen und den Bedürfnissen ihrer Herrschaftsausübung umzugestalten.

In den weniger entwickelten Nordwestprovinzen dagegen, wie etwa in Raetien, mit ihren fehlenden Ansätzen zur Urbanisierung und zentraler Herrschaft im Siedlungsbild dagegen erwiesen sich umfangreichere Eingriffe als nötig, um mit ähnlich geringem personellem Aufwand wie im Mittelmeerraum eine stabile Herrschaft auf der Basis weitgehend lokaler Selbstverwaltung auszuüben. Also musste man sofort nach der Okkupation daran gehen, den Siedlungsraum nach römischen Vorstellungen so weit als möglich umzugestalten. Anders als im Mittelmeerraum spielte im Raum nördlich der Alpen zunächst das Militär auch bei der Gründung und der wirtschaftlichen Grundlage ziviler Ansiedlungen und Zentralorte eine wichtige Rolle. Dies kann man besonders in den frühen Phasen der einschlägigen Provinzen beobachten.

Sobald sich römische Herrschaft und Verwaltung in den neuen Zentralorten etabliert hatten, war das zivile Siedlungswesen in den Nordwestprovinzen durch eine klare hierarchische Gliederungen geprägt – ähnlich wie in Italien oder den Provinzen im Mittelmeerraum. Diese lässt sich am Besten gleichsam in Form einer Pyramide darstellen:

Städte

An der Spitze dieser Pyramide standen in überschaubarer Anzahl, aber unterschiedlicher Dichte die Städte römischer und lateinischer Rechtsstellung (*coloniae* und *municipia*). Sie dürften der Forschung inzwischen alle bekannt sein. In Raetien kennt man nur eine einzige sichere Stadt lateinischer Rechtsstellung: das *municipium Augusta Vindelicum* / Augsburg. Zentralorte, wie *Cambodunum* / Kempten und *Brigantium* / Bregenz, wiesen zwar ein stadtähnliches Aussehen auf, doch ist dort von einem Stadtrecht (noch?) nichts bekannt. Aber oft hängt die Frage, ob eine römische Siedlung Stadtrecht besaß oder nicht, von der Existenz einer einzigen Inschrift ab. Der norische Anteil Bayerns im Chiemgau gehörte zum Stadtterritorium des *municipium Iuvavum* (Salzburg).

Vici

Schon bald nach der römischen Okkupation entstanden in den römischen Provinzen an Rhein und Donau zahlreiche kleinere Siedlungen mit zentralörtlicher Funktion, die sog. Vici. Diese konnten von der Bauweise vielfach Städten durchaus ähnlich sehen, unterschieden sich aber immer in der Rechtsstellung, da sie nur in geringem Maße Selbstverwaltung aufwiesen. Das Wort *vicus* wird immer noch gelegentlich unzutreffend mit „Dorf" übersetzt, wobei dieser Begriff in der Regel die Assoziation mit „Bauerndorf" auslöst. Dies ist im Falle der römischen Vici falsch, denn von der Funktion her waren sie Kleinstädte, die, stets verkehrsgünstig an Land- und Wasserstraßen gelegen, von Handel und Gewerbe lebten.

Militärlager und zugehörige Zivilsiedlungen

Die römerzeitliche Siedlungslandschaft im Grenzgebiet am Rhein, im Limesgebiet und an der Donau war v. a. vom Militär geprägt, das einen beachtlichen Anteil der Provinzbewohner stellte. Es lag in Legionslagern und Hilfstruppenlagern stationiert, welchen jeweils eigene Zivilsiedlungen zugeordnet waren. Im römischen Bayern gab es nur ein Legionslager: das 179 n. Chr. fertiggestellte Lager der 3. Italischen Legion in Regensburg. Bei den Legionslagern nennt man diese zivilen Ansiedlungen *canabae legionis*, bei den Hilfstruppenlagern spricht man von Kastellvici. Durch den regelmäßig in Bargeld ausbezahlten Sold stellten die Soldaten der Grenzgarnisonen den wirtschaftlichen Motor der Provinz dar. Im Limesgebiet bildeten sie neben den Bewohnern der Städte und Vici als Abnehmer landwirtschaftlicher Produkte auch die Grundlage der wirtschaftlichen Existenz der Villae rusticae. Umgekehrt sicherten diese die Ernährung der Grenztruppen aus dem Lande, wo sie stationiert waren.

VILLAE RUSTICAE

Die Basis der Siedlungspyramide bilden in kaum mehr überschaubarer Menge die Villae rusticae. Schätzungen von H. Bender gehen von 10–15 000 Einzelhöfen im römischen Deutschland aus, es waren aber wahrscheinlich wesentlich mehr. Solche Unsicherheiten sind im lückenhaften Forschungsstand begründet: In der Regel sind auch in den Nordwestprovinzen die wenigsten dieser Höfe komplett ergraben worden, die meisten präsentierten sich als Anlagen, bei denen nur größere Steinbauten, wie Bäder oder Hauptgebäude, angegraben worden sind, oder gar nur als Trümmerstellen mit Lesefunden. Besonders die Luftbildarchäologie (Abb. 48), geophysikalische Prospektionsmethoden und großflächige Grabungen haben in den letzten Jahren eine große Anzahl dieser Villen als Plan erschlossen, ohne dass es noch überall zu einer detaillierteren zusammenfassenden Auswertung und Klassifizierung gekommen wäre. Regionale Schwerpunkte einzelner Bauformen deuten sich an, sind aber noch keinesfalls zufriedenstellend erforscht.

Eine prägnante Definition wird W. Czysz verdankt: „Schon in der Antike wurde der Begriff *villa rustica* für eine Kleinsiedlung auf dem Lande verwendet. Er bedeutete nicht primär einen feu-

Abb. 48: Luftbild der Villa rustica von Gaimersheim. Deutlich sichtbar sind die Hofmauer und mehrere Nebengebäude. Das Hauptgebäude im unteren Zentrum des Hofes ist auf der Aufnahme nicht sichtbar. Nach Christlein/Braasch.

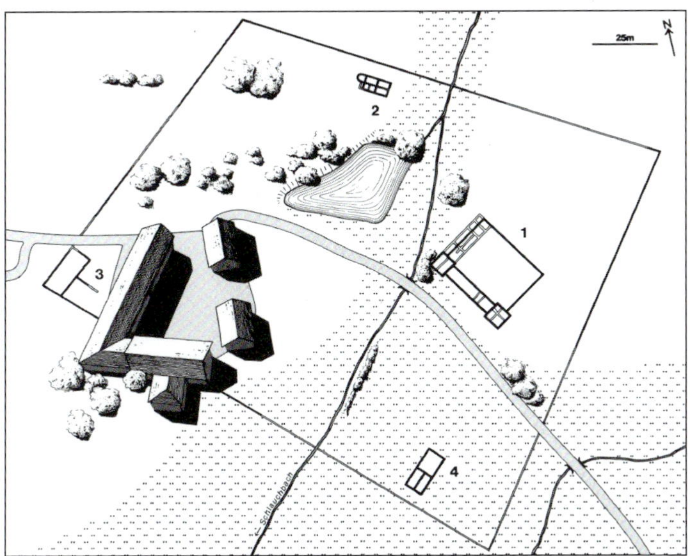

Abb. 49: Fünfstetten, Biberhof, Lkr. Donau-Ries: Der moderne Aussiedlerhof liegt über einer römischen Villa, die im Luftbild erfasst worden ist. Deutlich erkennbar das Hauptgebäude (1) mit Eckrisaliten, das Bad (2) und Nebengebäude (3–4). Das nach Süden zu einem Feuchtökotop hin geneigte Gelände der Villa wird von einem Bach durchflossen; ob der Weiher schon in der Antike existierte, ist nicht geklärt. Nach Czysz.

dalen, herrschaftlichen Landsitz, sondern eine landwirtschaftliche Betriebseinheit, deren ökonomisches Prinzip auf der Produktion landwirtschaftlicher Güter und dem Verkauf der erzielten Überschüsse beruhte. Kennzeichnend für diesen Siedlungstypus sind Streugehöfte, deren wirtschaftliche Nutzflächen nicht zersplittert, sondern als geschlossener Besitz in der unmittelbaren Umgebung des Hofes lagen. Funktionell entspricht die *villa rustica* der Kaiserzeit dem modernen Aussiedlerhof (Abb. 49). Als selbständige Siedlungseinheit verfügt sie über einen zweckmäßigen Baubestand: Um das häufig zentral gelegene Wohnhaus des Eigentümers, des Verwalters oder des Pächters, das sogenannte Hauptgebäude, gruppieren sich Nebenanlagen (Geräteschuppen, Speicher, Stallungen usw.) und technische Einrichtungen (Brunnen, Backöfen, Räucherkammern usw.). Eine Umfriedung, sei es als Hofmauer, Zaun oder Hecke, umgibt den gesamten Baukomplex und schließt das Anwesen nach außen hin ab, was ebenso den Charakter der Einzelsiedlung unterstreicht, wie die Tatsache, dass zu jeder Villa ein eigener Bestattungsplatz gehört, auf dem die Bewohner des Hofes beigesetzt wurden."

Herkunft der Villa rustica

Merkwürdigerweise ist in der wissenschaftlichen Literatur die Herkunft dieser Siedlungsform lange Zeit kaum hinterfragt worden: Ihre Übernahme aus dem römisch-italischen Bereich im 1. Jh. n. Chr. gilt offenbar allgemein als bewiesene, wenn auch nicht immer explizit formulierte Tatsache. Nun weisen in Stein ausgebaute Villen in den NW-Provinzen viele Bezüge zu den italischen auf: die Steinbauweise, Ziegeldächer, Säulen und Porticen, Bäder und Fußbodenheizungen, Wandmalereien, Mosaiken und Gartenanlagen. Wenn man sich aber Italische Villen des 1. Jhs. v. und n. Chr. genauer ansieht, so treten doch ganz entscheidende Unterschiede in der Grundstruktur auf. Die italischen Villen der späten Republik und der frühen Kaiserzeit sind durch kompakte Zusammenlegung von Wohnhaus und Nutzbauten gekennzeichnet (Kompaktvillen). Zwar sind beide Bereiche (*pars urbana* und *pars rustica*) in sich klar unterscheidbar, sie bilden aber eine bauliche Einheit. Der grundlegende Unterschied zwischen Italien und den Nordwestprovinzen beim Villenbau liegt in der baulichen Grunddisposition: In den Nordwestprovinzen gibt es keine Kompaktanlagen; man muss sich also für die Grundformen der Villen in den NW-Provinzen andere Vorbilder finden. Man muss hier nicht lange suchen, denn zumindest in Nordgallien, den germanischen Provinzen und Raetien kann man diese von vorrömisch-keltischen Siedlungsformen ableiten: Dort tritt ein Typ eher kleiner und mittelgroßer Villae rusticae auf, der Ähnlichkeit mit spätkeltischen Gutshöfen besitzt. Die einzelnen Funktionsbereiche (Wohnhaus, Speicher, Ställe etc.) gruppieren sich als separierte Gebäude innerhalb einer weitläufige Umfriedung, die aus einem hölzernen Zaun, einer Hecke oder später aus einer Steinmauer bestehen kann, an der die Bauten eher randlich anliegen, so dass Hof- und Gartenflächen in der Mitte freibleiben. Den größten Bau stellt das Wohnhaus, das sog. Hauptgebäude dar; zur Anlage gehören weitere Wirtschaftsbauten („Nebengebäude"), wie u. a. Wohnbauten des Gesindes, ein Bad, Speicher, Scheunen, Ställe. Die Masse der Villen vertritt diesen als „Streuhofanlagen" (Abb. 49) bezeichneten Typ. Hier kann man klar die Verwandtschaft zu den spätkeltischen Viereckschanzen erkennen. Allerdings gibt es in Süddeutschland keinen Beleg für die Siedlungskontinuität einer solchen Viereckschanze von der Keltenzeit bis in die Römerzeit. Villen vom Typ Streuhofanlage sind eine Erscheinung des späten 1. Jhs. n. Chr. In Nordfrankreich dagegen kennt man inzwischen immer mehr gegrabene Beispiele, wo solche „fermes indigènes" der Spätlatènezeit ohne Siedlungsunterbrechung über mehrere Jahrhunderte existierten und am Schluss zu römischen Villen in Stein ausgebaut wurden. Dort ist also die Villa rustica des Streuhoftyps aus keltischen Wurzeln entstanden. Wenn nun in der 2. Hälfte des 1. Jhs. n. Chr. solche Steinvillen im Rheinland, im obergermanischen Limesgebiet und in Raetien auftauchen, dann sind es von gallischen Einwanderern importierte Bauformen. Diese Einwanderer lassen sich im Limesgebiet mehrfach belegen: Neben einer Erwähnung bei Tacitus sind es Inschriften mit gallisch-keltischen Namen und v. a. charakteristische gallische Formen der Keramik. Aber auch in Grabsitten lassen sich Zuwanderer aus Gallien im Rheinland, Obergermanien und Raetien nachweisen. Oft waren es Veteranen von Hilfstruppeneinheiten gallischer Herkunft mit Anhang.

Auch eine zweite Villenform, die im römischen Bayern allerdings extrem selten ist, hat gallisch-keltische Wurzeln: Die sog. Axialhofanlage (Abb. 50). Bei diesen Großvillen einer landbesitzenden Oberschicht ist der oft palastartig ausgebaute Wohnbereich *(pars urbana)* vom Wirtschaftsbereich *(pars rustica)* abgetrennt. Im Westen (Nordgallien und Rheinzone) kommen sie besonders häufig vor. Ihre Baueinheiten sind axialsymmetrisch angelegt, d. h. eine symmetrische Schaufront, getrennt durch eine

Abb. 50: Nassenfels, Lkr. Eichstätt, Axialsymmetrische Villa südlich des Ortes im Luftbild. Foto: R. Hager.

Mauer oder einen Teich, überblickt einen von einer Mauer eingefassten langrechteckigen Wirtschaftshof, in dem zu beiden Seiten die Nebengebäude symmetrisch angebaut sind. Auch am anderen Ende der *pars urbana* ist dieser Wirtschaftsbereich durch eine Mauer abgeschlossen. Ihr Haupteingang ist oft aufwendig architektonisch gestaltet. Bei besserem Forschungsstand kann man auch beobachten, dass solche Großvillen innerhalb eines geschlossenen Siedlungsraumes von kleineren Villen umgeben sind, in denen man wohl die Pachtvillen innerhalb einer Großgrundbesitzeinheit sehen kann.

Lage der Villae rusticae

Bei siedlungsgeographischen Detailstudien lassen sich immer wieder gewisse Gesetzmäßigkeiten erkennen, welche der Auswahl von Standorten römischer Villen zugrunde lagen. Zunächst einmal ist festzustellen, dass die Römer einen sicheren Blick für die Bodengüte hatten und sich bevorzugt in Arealen mit besten Böden, z. B. mit Lößuntergrund, niederließen, die heute noch als besonders günstig für Landwirtschaft gelten, weniger gute Böden aber bewusst aussparten. Studiert man detailliert die Lage der Villen, so stellt sich heraus, dass die weitaus meisten an Hängen liegen, nämlich in der Grenzlage zwischen einem trockenen und einem feuchten Ökotop, wobei auch die Verfügbarkeit von Grund- und Oberflächenwasser eine wichtige Rolle bei der

Standortwahl spielt. So lassen sich beide Bereiche wirtschaftlich nutzen, ohne dass es dabei zu langen Wegen kommt. Das feuchte Ökotop im Talgrund, meist mit einem fließenden Gewässer, dient als Viehweide oder Grasland, um Heu zu gewinnen oder Schilf und Weidenruten etc. zu nutzen, das Trockenökotop auf der Hochfläche bietet Gelegenheit zum Ackerbau, in der Regel auf Löß oder ähnlich günstigen Böden. Ein weiteres wichtiges Kriterium für die Lage bildet die Nähe zu einer Fernstraße und einem zentralen Ort, wo die landwirtschaftlichen oder sonstigen Produkte des Gutsbetriebes verkauft werden konnten. Insbesondere die Militärlager der Limeszone und ihre zivilen Vici stellten Konzentrationen von Konsumenten dar, die zu einer Vermehrung von Gutshöfen in der Umgebung führten. Man war offensichtlich bestrebt, das Militär möglichst autark aus der Region zu ernähren. Auch die größeren Städte bewirkten vermehrte Ansiedlung von Villen in ihrem Umfeld.

CHARAKTERISIERUNG DER LÄNDLICHEN BESIEDLUNG

Momentan gibt es in Raetien nur drei Kleinräume bzw. Siedlungskammern, deren Besiedlung in römischer Zeit auf der Basis des vollständig erfassten und vorgelegten Quellenmaterials erforscht ist: das Nördlinger Ries, das Regensburger Umland und das östliche Niederbayern. Dort wurde u. a. versucht, die räumliche und zeitliche Entwicklung der Besiedlung durch Kartierung in Zeitschichten transparenter zu machen. In Ansätzen erforscht sind die Münchner Schotterebene, das Limeshinterland, das Isartal bei Landshut und das Umfeld von Augsburg.

Auch in Raetien wurden die Regionen mit den besten Böden für die Landwirtschaft bevorzugt: Das Land war – im Vergleich zu heute – so dünn besiedelt, dass man sich die besten Böden aussuchen konnte. Nun sind die Villen im römischen Bayern nicht gleichmäßig über das Land verstreut; sie zeigen – in klarer Abhängigkeit von der Bodengüte – deutliche Unterschiede in ihrer räumlichen Konzentration. Diese Unterschiede sind v. a. durch die Marktorientierung bestimmt, das heißt, sie beziehen sich auf die Bevölkerungskonzentrationen der Städte und des Militärs an der Grenze.

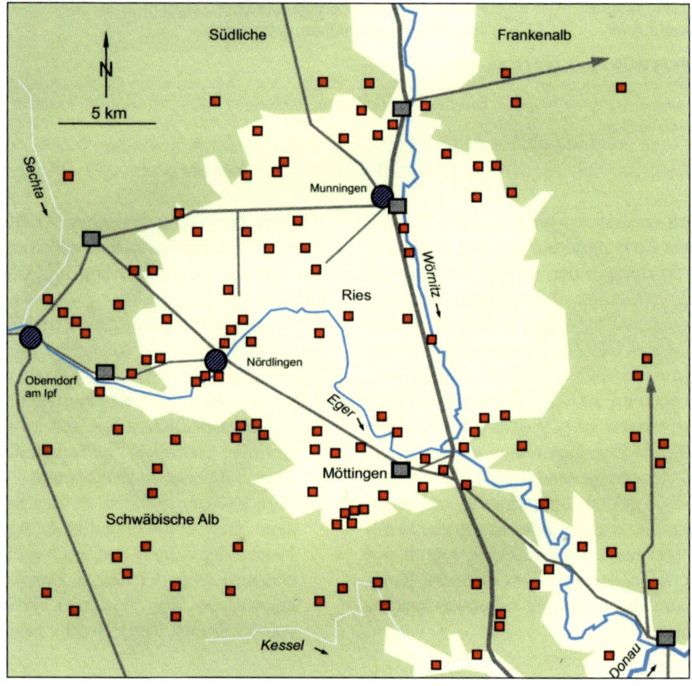

Abb. 51: Römische Besiedlung im Nördlinger Ries. Nach Czysz.

Nördlinger Ries

Im Nördlinger Ries (Abb. 51) sind in Oberndorf am Ipf, Nördlingen und Munningen Kastelle der Zeit um 100 n. Chr. samt Vici nachgewiesen. Das Militär hat die Landschaft durch Straßenbau hervorragend erschlossen, was später der zivilen Wirtschaft zugute kam. Diese frühen Holz-Erde-Kastelle sind nach der Vorverlegung bzw. Einrichtung des Limes unter Traian wieder aufgegeben worden. Ihre Kastellvici existierten allerdings als zivile Vici weiter. Mit der planmäßigen Aufsiedlung des Limeshinterlandes im frühen 2. Jh. n. Chr. durch Villae rusticae hat man auch im Nördlinger Ries zahlreiche Villen gegründet, weitere Vici kamen dazu. Bei all diesen Siedlungsvorgängen zeigt sich sehr schön, wie großen Wert die Römer auf die Nutzung optimaler Böden legten: Die Lößgebiete im Westen des Nördlinger Rieses waren dicht mit Gutshöfen besiedelt, die Sandböden des Ostteils östlich der Wörnitz aber hat man weitgehend gemieden. Von der

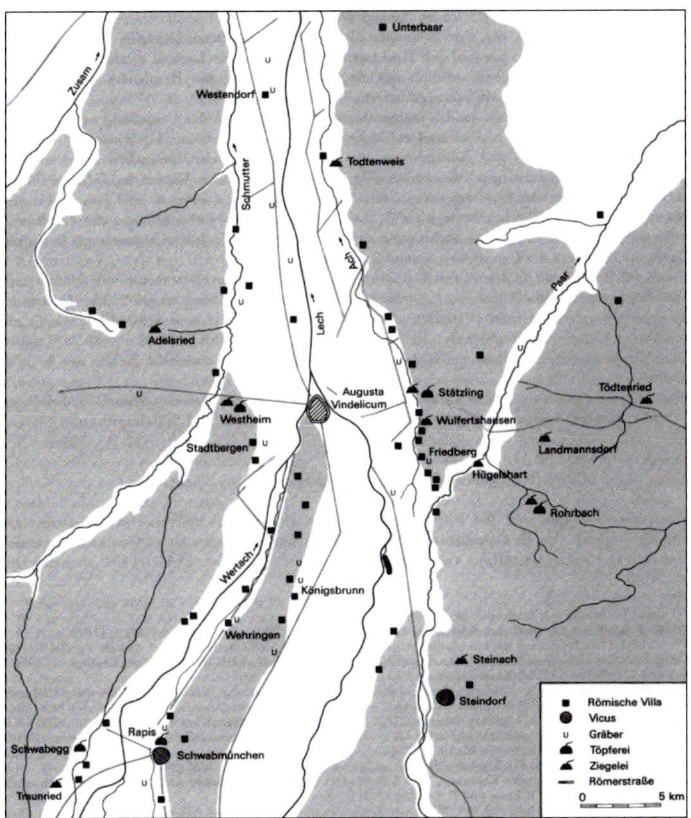

Abb. 52: Römische Besiedlung um Augsburg. Nach Czysz.

Überschussproduktion der Villen im Ries dürften nicht nur die Grenztruppen, sondern auch die Bewohner der Provinzhauptstadt Augsburg profitiert haben. Die römische Besiedlung des Nördlinger Rieses erlischt mit dem großen Germaneneinfall von 254 n. Chr. Eine Neubesiedlung durch eine elbgermanische Bevölkerung setzt erst zögerlich an der Wende vom 3. zum 4. Jh. ein.

Umland Augsburg

Das Umland (Abb. 52) der Provinzhauptstadt *Augusta Vindelicum* / Augsburg war ebenfalls mit einer dichten Konzentration von Villen umgeben. Zwar waren hier die Böden nicht so ertragreich wie in den lößbedeckten Gunstlandschaften des Nördlinger Rieses oder des Gäubodens, doch wurde dies sicherlich durch die Nähe zu dem attraktiven Absatzmarkt der Hauptstadt bei geringeren Transportkosten wettgemacht. An der Spitze der landwirtschaftlichen Betriebe in Raetien stand wohl eine kaiserliche Domäne bei Westheim westlich von Augsburg, von der man allerdings nur eine Ziegelei mit Töpfereibetrieb kennt, die dort sicher vorauszusetzenden zu einem landwirtschaftlichen Betrieb gehörenden Liegenschaften aber noch nicht. Typisch für diese Region sind Großvillen im direkten Umland der Provinzhauptstadt, welche von der Forschung als *villae urbanae* interpretiert werden, so die Anlagen von Friedberg, Stadtbergen, Unterbaar und Wehringen. Die Größe, eine luxuriöse Ausstattung und die prunkvollen Grablegen, wie in Wehringen (vgl. S. 126f.), sind als Indizien dafür zu werten, dass in diesen Großanlagen die Augsburger Oberschicht, darunter auch Decurionen, also Mitglieder des Stadtrates, ansässig waren. Die neben den Großvillen vorhandenen kleinen und mittleren Höfe sind wohl als Pachthöfe in Abhängigkeit von den Großvillen zu sehen. Bemerkenswerterweise hat sich eine nennenswerte ländliche Besiedlung des Augsburger Umlands auch bis in die Spätantike erhalten.

Limeshinterland

Das Hinterland des Limes (Abb. 53) war in den ersten beiden Jahrzehnten des 2. Jhs. n. Chr. entlang der Straßenverbindungen dicht mit Villen aufgesiedelt worden. Wie wichtig die Versorgung der Grenztruppen aus dem Hinterland für die Römer war, sieht man am Verlauf des Limes selbst: Er orientierte sich weniger an rein militärischen Gesichtspunkten; dann wäre sein Verlauf nämlich möglichst geradlinig gewesen. Vielmehr griff er in den Strecken 13 und 14 weit nach Norden aus, um den Hesselberg, der die Landschaft weithin beherrscht, großräumig einzubeziehen. Damit wurden in diesem Bereich auch die Alb und ihr nördliches Vorland, welches gute Möglichkeiten für Ackerbau bietet, in das römische Reichsgebiet einbezogen, während das nördlich angrenzende Keuperland mit weniger fruchtbaren Böden außerhalb des Imperiums blieb. Auch die Einbeziehung und der Schutz der wertvollen Kornkammer des Nördlinger Rieses wurden so gewährleistet. Die Besiedlung konzentriert sich auf fruchtbare Böden an den Talhängen, wo auch die Verkehrsanbindung besser ist, die Hochflächen der schwäbischen und

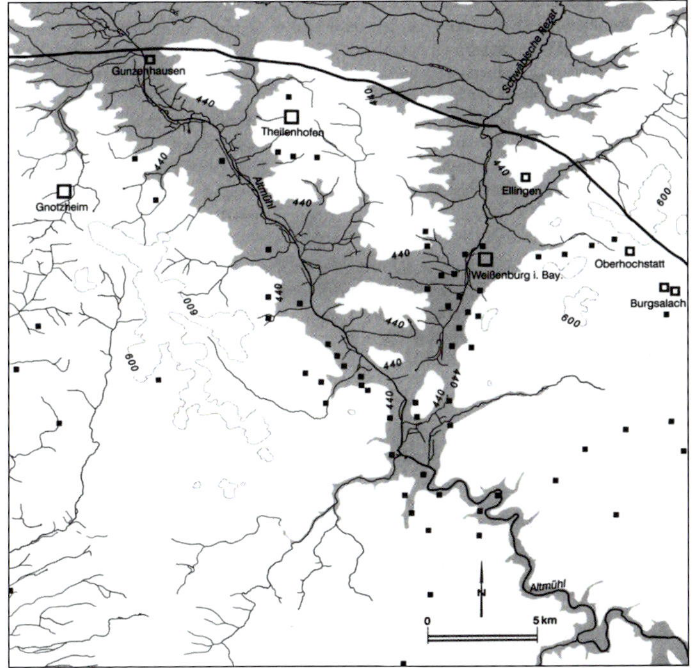

Abb. 53: Römische Besiedlung im mittleren Limeshinterland. Nach Hüssen.

fränkischen Alb weisen eher eine dünnere Besiedlung auf. Die meisten Villen, die in den ersten beiden Jahrzehnten des 2. Jhs. n. Chr. hier, wohl mit staatlicher Förderung, angelegt worden sind, sind kleine und mittlere Anlagen. Die Großvilla von Westerhofen, ca. 10 km nördlich von Ingolstadt, stellt eine bemerkenswerte Ausnahme dar. Das prächtige Jagd- und Meereswesenmosaik dieser palastähnlichen Anlage aus dem späten 2. oder frühen 3. Jh. n. Chr., das bereits 1856 ergraben und nach München geschafft wurde, hat schon früh die Phantasie der Forscher beflügelt. Während F. Drexel in der Anlage eine Art Jagdschloss des Statthalters von Raetien nach der Stationierung der 3. Italischen Legion in Regensburg sah, wollte P. Reinecke die Errichtung des Baues sogar mit dem Besuch des Kaisers Caracalla von 213 n. Chr. in Verbindung bringen. Auch die axialsymmetrische Anlage von Markt Berolzheim ragt aus dem üblichen Besiedlungsschema hervor. Die römische Besiedlung des Limeshinterlandes bis zur Donau erlischt mit dem großen Germaneneinfall von 254 n. Chr. Eine Neubesiedlung durch eine elbgermanische Bevölkerung setzt erst zögerlich ein.

Umland Regensburg

Das in der Römerzeit dicht besiedelte Umland von Regensburg (Abb. 54–56) hat Anteil an drei Landschaftsformen, die in unterschiedlichem Maße von der römischen Besiedlung beansprucht werden: Die Flussaue und die Niederterrasse mit ihren mageren Böden auf Schotter oder Sanden bleiben – im Gegensatz zur vorhergehenden Latènezeit – fast völlig unbesiedelt. Dagegen hat die lößbedeckte, nach Osten zu immer breiter werdende Hochterrasse schon seit der Jungsteinzeit intensiv die Bauern aller vorgeschichtlichen Perioden angezogen, so auch in der Römerzeit. Das südlich anschließende tertiäre Hügelland wird, soweit es an die Hochterrasse angrenzt, von Fluss- und Bachtälern verkehrsmäßig erschlossen ist und Lößböden aufweist, ebenfalls von den römischen Siedlern aufgesucht. Die günstige archäologische Quellenbasis (über 100 römerzeitliche Fundstellen) im Regensburger Umland ermöglichten es, auch zur Entwicklung, d. h. zur räumlichen und zeitlichen Dynamik des Siedlungsverlaufes detaillierter Stellung zu nehmen. Bei der historischen Deutung des archäologischen Kartenbildes ist allerdings auch zu berücksichtigen, dass oft Siedlungsvorgänge, die wesentlich flexibler abliefen, durch die Filter der archäologischen Überliefung und des Forschungsstandes starrer erscheinen, als sie in Wirklichkeit waren. Im Prinzip spiegeln aber die im Regensburger Umland erzielten Resultate eine historische Wirklichkeit wider, die mit keiner anderen Methode mehr zu rekonstruieren ist.

Periode A (ca. 80–180 n. Chr.), Abb. 54 oben

Die Erschließung des Regensburger Umlandes durch römische Siedler begann frühestens nach der Gründung des Hilfstruppenkastells Regensburg-Kumpfmühl in frühflavischer Zeit (um 80 n. Chr.). Es sieht so aus, als ob die ländliche Besiedlung erst eine gewisse Zeit nach der militärischen Besetzung begonnen habe – eine auch andernorts zu beobachtende Erscheinung. Eine nennenswerte keltische oder germanische Vorbevölkerung haben die Römer nicht mehr angetroffen. Maßgeblich für den Verlauf der Aufsiedlung war auch der Bezug zum Fernstraßennetz, v. a.

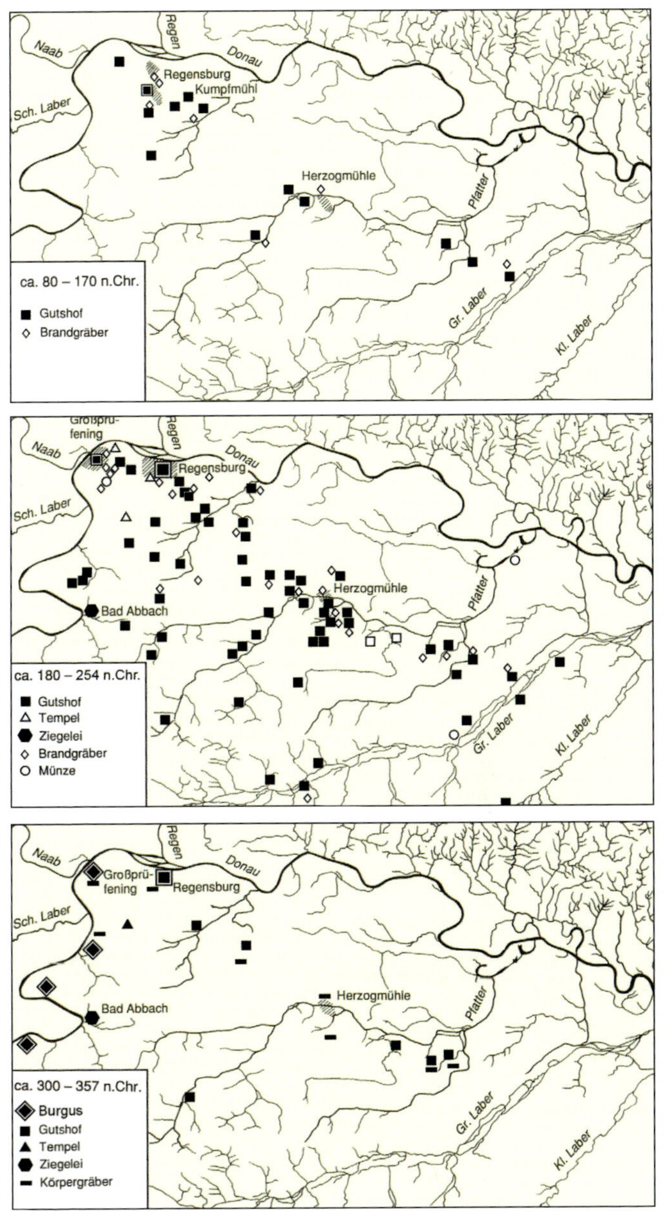

Abb. 54: Römische Besiedlung im Umland Regensburgs: Periode A, ca. 80–170 n. Chr.; Periode B, ca. 180–254 n. Chr.; Periode C2, ca. 300–357 n. Chr. Nach Fischer.

zur Römerstraße Regensburg–Straubing. Ihr Verlauf deckt sich weitgehend mit der Kante Hochterrasse–Niederterrasse. Auch in der unmittelbaren Umgebung von Kastell und Lagerdorf Regensburg-Kumpfmühl und einem weiteren Kastell mit Vicus, das mit gutem Grund an der Donau im Stadtgebiet von Regensburg (Bereich des Bismarckplatzes) zu vermuten ist, entstanden Gutshöfe. Während sich die ländliche Besiedlung der Frühzeit (Periode A1, ca. 80–120 n. Chr.; Abb. 54) noch überwiegend am Verlauf der Straße Regensburg - Straubing orientiert, suchte man in der Periode A2 (ca. 120–180 n. Chr.; Abb. 54) verstärkt auch das Hügelland auf, die Niederterrasse blieb praktisch siedlungsfrei. Als Typ der ländlichen Siedlungen ist bisher ausschließlich die Villa rustica nachweisbar. Die einzige Ausnahme stellt der Vicus von Mangolding / Mintraching-Herzogmühle dar, der an einer wichtigen Kreuzung der Donautalstraße mit der Verbindung zum Isartal bei Landshut an einem Pfatterübergang gelegen ist. Dieser Vicus entstand im Gefolge einer noch nicht näher identifizierten militärischen Garnison. Töpfereien und metallverarbeitendes Handwerk sind hier nachgewiesen.

Periode B (ca. 180–270 n. Chr), Abb. 54 Mitte

In den Markomannenkriegen, die in den frühen 70er-Jahren des 2. Jhs. n. Chr. auch den Regensburger Raum betrafen, kam es bei ländlichen Siedlungen zu kriegsbedingten Zerstörungen. Im Rahmen der Reorganisation der Grenzverteidigung nach den Kriegen errichtete die 3. Italische Legion ihr Standlager in Regensburg. Die Stationierung der Legion mit ihren ca. 6500 Mann und die Errichtung der großen Lagervorstadt *(canabae legionis)* hatten ein starkes Anwachsen der Bevölkerung am Garnisonsort zur Folge (etwa um das Sechs- bis Siebenfache). Ungefähr gleichzeitig erbaute man gegenüber der Mündung der Naab in die Donau das Kleinkastell Regensburg-Großprüfening samt Lagerdorf. Diesem Bevölkerungszuwachs in Regenburg entsprach eine rasche Zunahme der ländlichen Besiedlung im Umland: Während in der Periode A ca. 20 Standorte gesicherter und vermuteter *villae rusticae* nachweisbar waren, wuchs deren Zahl in der Periode B auf mindestens das Dreifache. Spätestens jetzt kann man von in Stein erbauten Villen als Regelfall ausgehen. Funde von militärischen Ausrüstungsstücken, v. a. von Militärgürteln in Gräbern, und ländlichen Siedlungen der Periode B legen nahe, dass gerade in dieser Zeit ein großer Teil der Päch-

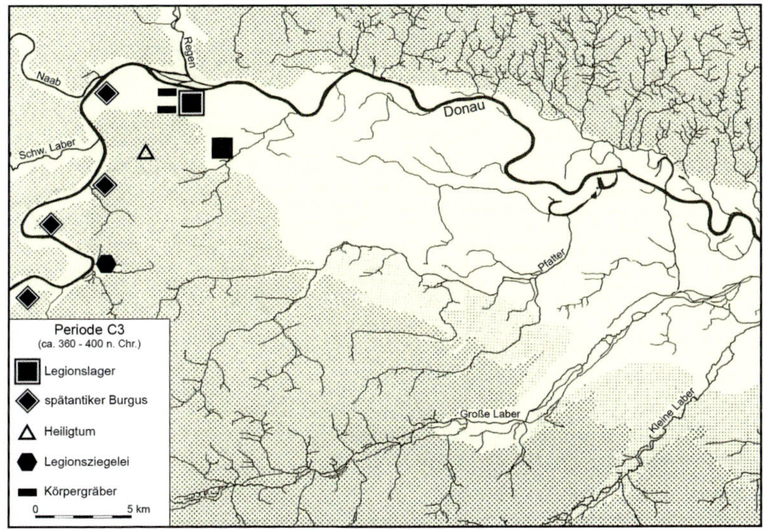

Abb. 55: Römische Besiedlung im Umland Regensburgs: Periode C3, ca. 360–400 n. Chr.; gefülltes Rechteck: Villa von Burgweinting. Nach Fischer.

ter oder Besitzer von Villen im Regensburger Umland Veteranen der dortigen Garnison waren. Man kann dies mit einer von der Militärverwaltung gesteuerten und geförderten Ausweitung der landwirtschaftlichen Produktion erklären, um für die Truppe und die Zivilbevölkerung am Garnisonsort möglichst schnell und umfassend Autarkie bei der Versorgung mit Lebensmitteln, Futter für Vieh, Reit- und Zugtiere sowie sonstigen Agrarprodukten zu erreichen. Als Beteiligte bei dieser Aufsiedlung lassen sich im Fundmaterial auch Menschen germanischer Herkunft nachweisen, deren Anteil schwer abzuschätzen ist. Das Grundschema der Aufsiedlung behielt man trotz der massiven Erweiterung der ländlichen Besiedlung auch in der Periode B bei, in der das römische Regensburg und sein Umland ihre größte Blütezeit erlebten, die 254 n. Chr. und um 280 n. Chr. mit den verheerenden Germaneneinfällen ein rasches und schreckliches Ende finden sollte. Seit der Zeit um die Mitte des 3. Jhs. ist hier ein einschneidender Wüstungsprozess feststellbar, der seine Ursache in den Raubzügen germanischer Stammesverbände hat, die ab dem Ende des 3. Jhs. n. Chr. als Alamannen und Juthungen überliefert sind. Im archäologischen Material zeigt sich dies, neben dem Abbrechen vieler Siedlungen, in Brand- und Zerstörungsschichten, Hortfunden und den Überresten der Opfer dieser Überfälle, z. B. aus Brunnen bei einem römischen Tempel an der Regensburger Augustenstraße oder aus der Villa rustica von Regensburg-Harting (S. 64, Abb. 45). Man hat den Eindruck, dass diese Einfälle diesen Raum und das ganze ostraetische Grenzgebiet plötzlich und unvorbereitet trafen und die Bevölkerung sich nicht mehr rechtzeitig in Sicherheit bringen konnte, sondern vielmehr unmittelbar Mord, Verschleppung und Plünderung durch die Germanen ausgesetzt war.

Periode C1 (ca. 270–300 n. Chr.)

Die Germaneneinfälle von 254 n. Chr. und weitere Einfälle in der 2. Hälfte des 3. Jhs. sind für die einschneidenden Veränderungen des Siedlungsbildes in der Periode C1 verantwortlich. Die Anzahl ländlicher Siedlungsstellen von 69 der Periode B geht auf 12 der Periode C1 zurück, wobei Letztere sich fast ausschließlich auf die nähere Umgebung des Legionslagers konzentrieren. Kastell und Vicus von Regensburg-Großprüfening haben in dieser Zeit ihr Ende gefunden.

Periode C2 (ca. 300–357 n. Chr.), Abb. 54 unten

Unter den Kaisern Diokletian (284–305 n. Chr.) und Constantin I. (307–337 n. Chr.) setzt offenbar eine ruhigere Periode an der Donaugrenze ein. Das Regensburger Umland wird wieder aufgesiedelt, wobei die Besiedlungsdichte dieser Zeit mit elf wahrscheinlichen und gesicherten Villenstandplätzen bei weitem nicht mehr die Intensität der Periode B erreicht. Man bevorzugte Standorte im Bereich der Hauptstraßen; meist handelt es sich um schon in den Perioden A und B besiedelte Plätze, wobei sich dann ein ähnliches Bild der Siedlungsstruktur ergab, wie es für Periode A1 festzustellen war. Der Vicus (und wohl auch der Militärposten) von Mangolding / Mintraching-Herzogmühle blieb bestehen.

Periode C3 (357–Mitte 5. Jh. n. Chr.), Abb. 55

Mit der 2. Hälfte des 4. Jhs. n. Chr. verschwinden die Spuren römischer Besiedlung im Umland Regensburgs bis auf wenige Streumünzen und einige nicht näher datierbare Burgi (Kleinfestungen) an der Donau fast vollkommen. Nur die Villa von Burgweinting scheint hier eine bemerkenswerte Ausnahme zu bilden. Auslöser für das Ende der ländlichen Besiedlung dürften die historisch und archäologisch bezeugten Einfälle der Juthungen, eines östlichen Teilstammes der Alamannen, 357 n. Chr. gewesen sein. Dieses weitgehende Ende der ländlicher Besiedlung zeichnet sich im archäologischen Fundmaterial sehr klar ab: So kommt z. B. bleiglasierte Keramik der 2. Hälfte des 4. und des 5. Jhs. n. Chr. im weiterhin besiedelten Legionslager in einiger Menge vor, in den Siedlungsstellen der Umgebung Regensburgs aber fehlt sie völlig. Im Legionslager selber hatten sich im 4. Jh. n. Chr. einschneidende Veränderungen ergeben. Die Lagervorstadt *(canabae legionis)* war nach den Zerstörungen des 3. Jhs. n. Chr. aufgegeben worden. Die 3. Italische Legion teilte man im Zuge der Diokletianisch-Constantinischen Heeresreform in sechs Einheiten auf und zog fünf davon auf Dauer von Regensburg ab. In dem so frei gewordenen Raum im Lager siedelte sich die Zivilbevölkerung an, so dass aus dem Legionslager des 2. und 3. Jhs. n. Chr. die spätantike Festungsstadt des 4. und 5. Jhs. n. Chr. wurde. Mit dem Ende der ländlichen Besiedlung um die Mitte des 4. Jhs. lassen sich so im östlichen Raetien bereits die Grundzüge einer Siedlungsstruktur nachweisen, wie sie Eugippius in seiner Lebensbeschreibung des hl. Severin für das fortgeschrittene 5. Jh. n. Chr. in den romanischen Restgebieten Raetiens und Ufernorikums beschreibt: Da das flache Land in der Grenzzone wegen der Barbarengefahr nicht mehr bewohnt werden kann, ziehen sich die Menschen in die Festungsstädte zurück und betreiben von dort aus Ackerbau, sind aber offensichtlich auch auf zusätzlichen Import von Lebensmitteln angewiesen.

Das frühe Mittelalter (6. und 7. Jh. n. Chr.), Abb. 56

Seit der Zeit um 400 n. Chr. tauchen im Regensburger Legionslager, ebenso wie an der ganzen Donaugrenze zwischen Neuburg und Passau, archäologische Funde auf, die auf eingewanderte Germanen aus Böhmen hinweisen. Diese stellen anscheinend große Kontingente der römischen Grenztruppen in diesem Gebiet, wohl als vertraglich verpflichtete Gruppen (Foederaten). Aber auch Romanen sind noch archäologisch nachweisbar. Mit der Auflösung des römischen Grenzschutzes im Gefolge des Erlöschens des weströmischen Kaisertums um 476 n. Chr. setzt nun mit dem politischen Wandel auch eine Veränderung in der ländlichen Besiedlung ein. Romanen und böhmisch-germanische Foederaten, aber auch zugewanderte Gruppen, wie Alamannen,

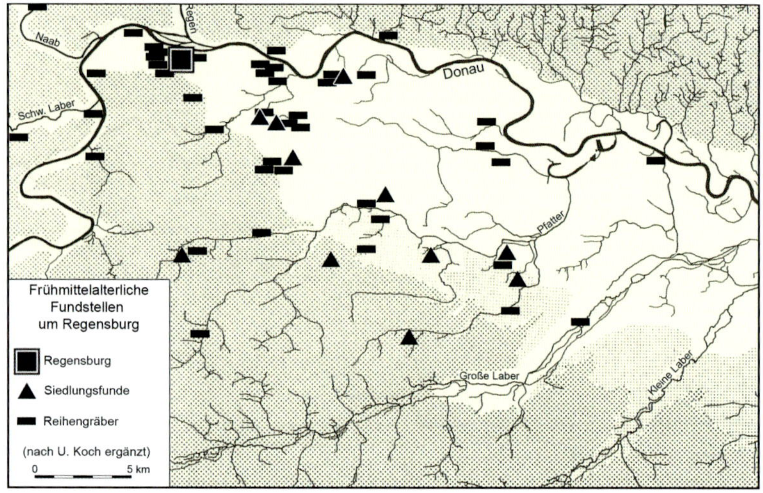

Abb. 56: Frühmittelalterliche Besiedlung im Umland der Stadt Regensburg. Nach Fischer.

Ostgoten und Langobarden, siedeln nun das flache Land wieder auf, um bald zu der neuen politischen Einheit der Bajuwaren zu verschmelzen.

Dieser Vorgang beginnt schon im 5. Jh. n. Chr., wird aber mit dem 6. Jh. beschleunigt. Die Aufsiedlung geschieht als Neuanfang unter ganz anderen Vorzeichen: Sind die ersten ländlichen Siedlungen des Frühmittelalters noch auf die Nähe der römischen Festung konzentriert, so ändert sich dies bald. Nun wird neben Hochterrasse und Hügelland auch die in römischer Zeit gemiedene Niederterrasse besiedelt; keine der bisher festgestellten Siedlungen des frühen Mittelalters geht direkt auf einen römischen Vorgänger zurück. Nun entstehen auch Dörfer im Sinne von Ansammlungen landwirtschaftlicher Betriebe, aber auch Einzelhöfe sind bezeugt. Die neuen frühmittelalterlichen Siedlungen errichtete man – im Gegensatz zu den Steinbauten der Römerzeit – in reiner Holzbauweise. Im 6. und 7. Jh. n. Chr. wird so im Wesentlichen der Grund für eine Siedlungsstruktur auf dem Lande gelegt, die heute noch existiert.

Abb. 57: Römische Besiedlung im östlichen Niederbayern: Periode A, ca. 80–170 n. Chr. Nach Moosbauer.

Östliches Niederbayern

Auch im Gäuboden im Hinterland der Donaugrenze (Abb. 57–59) ist eine ähnliche Entwicklung festzustellen, wie sie für das Regensburger Umland beschrieben worden ist. Daher hat der Bearbeiter G. Moosbauer das für das Regensburger Umland erarbeitete Chronologieschema der Perioden A–C übernommen. Auch hier konzentrierten sich die Villen in der Nähe der Donau auf die lößbedeckte Hochterrasse und Lößareale im Hügelland; die in vor- und nachrömischer Zeit dicht besiedelte Niederterrasse mit ihren sandigen Böden wurde fast völlig von der römischen Besiedlung ausgespart. Im fruchtbaren Gäuboden wurde das Hinterland der Grenzkastelle im Verlauf des 2. Jhs. n. Chr. mit deutlichen Schwerpunkten um die Kastelle Straubing und Künzing mit Villen aufgesiedelt. Wenn das Bild der Forschung nicht trügt, dann sind diese Anlagen im Gegensatz zum Limeshinterland und zum Regensburger Umland im östlichen Niederbayern weitgehend in Holz erbaut. Da im ostraetische Donauraum das nennenswerte Anwachsen der Bevölkerung durch die Stationierung der 3. Italischen Legion um 280 n. Chr. auf Regensburg und sein Umland beschränkt blieb, ist weiter östlich auch nicht diese star-

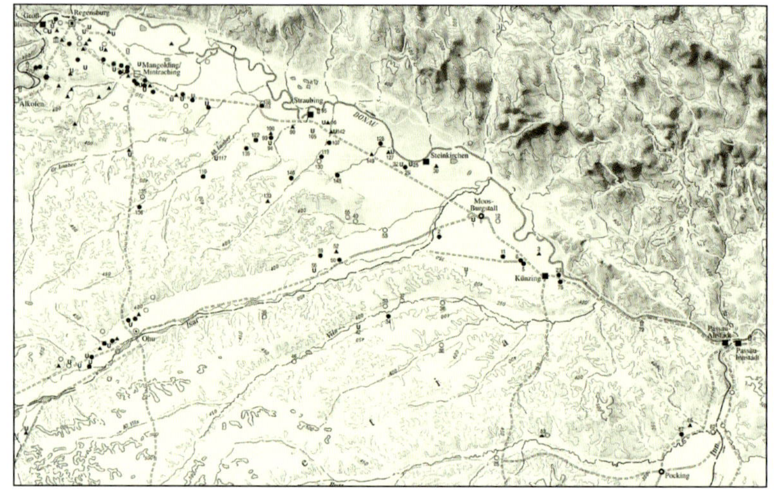

Abb. 58: Römische Besiedlung im östlichen Niederbayern: Periode B, ca. 180–254 n. Chr. Nach Moosbauer.

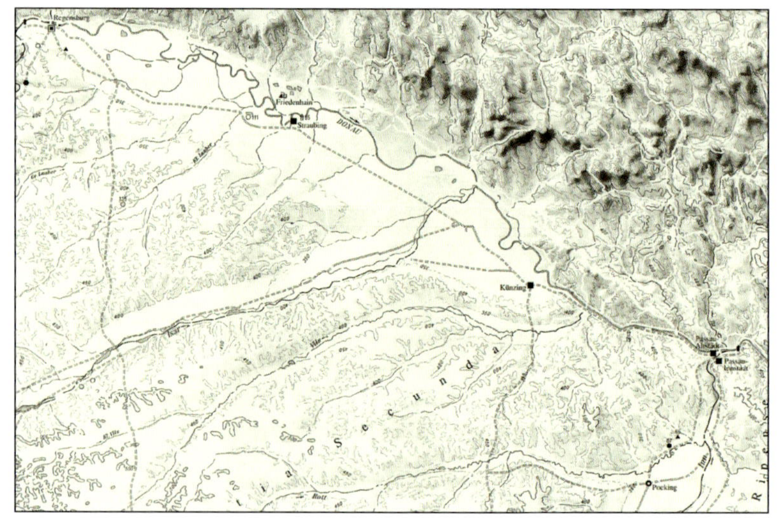

Abb. 59: Römische Besiedlung im östlichen Niederbayern: Periode C3, ca. 360–400 n. Chr. Nach Moosbauer.

ke Vermehrung der ländlichen Besiedlung ab ca. 280 n. Chr. zu registrieren, wie dies im Regensburger Umland feststellbar war. Das heißt archäologisch: Das Verhältnis der Zeitschichten Periode A und Periode B ist im östlichen Niederbayern ausgeglichener als im Regensburger Umland. Auch dieses Gebiet wurde von den Germaneneinfällen ab 254 n. Chr. schwer getroffen, was zu einem erheblichen Rückgang der ländlichen Besiedlung führte. Eine Erholung in der Spätantike ab der Zeit um 300 n. Chr., wie im Regensburger Umland, zeichnet sich hier wesentlich schwächer im Kartenbild ab. Spätestens ab den Einfällen der Juthungen 357 n. Chr. scheint die ländliche Besiedlung weitgehend erloschen zu sein. Für das östliche Raetien gilt, was sich bereits für das Regensburger Umland abgezeichnet hat; man kann hier Grundzüge einer Siedlungsstruktur nachweisen, wie sie Eugippius beschreibt: Da das flache Land in der Grenzzone wegen der Barbarengefahr nicht mehr bewohnt werden kann, ziehen sich die Menschen in die Festungsstädte zurück, betreiben von dort aus Ackerbau, sind aber auf zusätzlichen Import von Lebensmitteln angewiesen. Auch hier ist die Besiedlung des flachen Landes im frühen Mittelalter wieder ein Neuanfang.

Das Isartal, wo eine wichtige Straße zur Donaugrenze verlief, war beim jetzigen Stand der Forschung nicht gleichmäßig dicht besiedelt. Dort konzentrieren sich die Villen auf den Raum von Landshut, wo ein lößbedeckter Streifen der Hochterrasse westlich der Isar dicht mit Villen besetzt ist. Diese Besiedlung erreichte in der Periode B ihren Höhepunkt und wurde anscheinend ab der Mitte des 3. Jhs. n. Chr. weitgehend aufgegeben.

Umland Salzburg

Das Umland des norischen *municipium Iuvavum* / Salzburg (Abb. 60) ist von einer dichten Villenbesiedlung umgeben, von der hier nur der bayerische Anteil im Chiemgau Berücksichtigung finden soll. Zum einen hat diese Region noch Gemeinsamkeiten mit Raetien: Bis hier hat noch die nordgallische Form der Streuhofanlage bei Villen ausgestrahlt, die in den germanischen Provinzen und Raetien das Bild der Villenanlagen prägte. Weiter östlich erscheint diese Form der Hofanlage nicht mehr. Zum anderen gibt es auch Unterschiede: Im Gegensatz zu Raetien gehen einige Villen auf ältere keltische Anlagen zurück, und gerade im Umfeld von *Iuvavum* / Salzburg kennt man eine beeindruckende Menge von Großvillen mit palastähnlichen Hauptgebäuden,

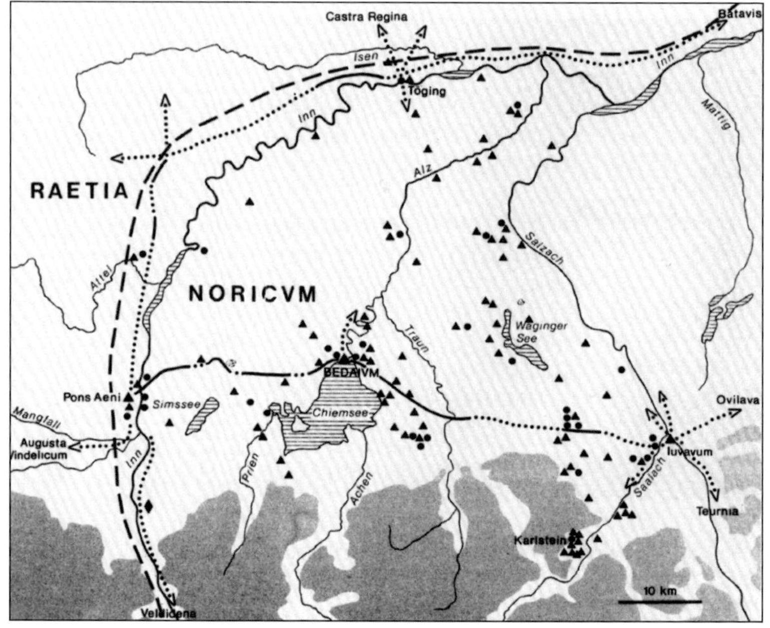

Abb. 60: Römische Besiedlung um Salzburg. Nach Fischer.

die mit Mosaiken, qualitätvollen Wandmalereien, Stuck und Importmarmor in einer Qualität ausgestattet sind, wie man sie im ländlichen Raum Raetiens nicht kennt. Die größte bekannte Villa in Noricum ist zweifellos die von Loig im unmittelbaren Umfeld des Salzburger Flughafens. Dieses Landschloss mit einem Hauptgebäude von ca. 250 m Frontlänge und zahlreichen Nebengebäuden existierte bis in die Spätantike hinein. Es war luxuriös mit qualitätvollen Mosaiken, Importmarmor und vergoldeten Bronzestatuen ausgestattet. Ein ähnlich großzügig angelegter Gutshof lag im heutigen Stadtgebiet von Tittmoning (Lkr. Traunstein) am westlichen Ufer der Salzach. Das Wenige, was bekannt ist, reicht aus, um dieses Exemplar in den Bereich der höchsten Kategorie römischer Villenanlagen, ähnlich Loig, einzustufen. Man kennt bisher daraus qualitätvolle Mosaiken (Abb. 61) sowie Stuck und Wandmalereien von höchster Qualität. Die Anlage brannte wohl gegen Ende des 2. Jhs. ab, wurde aber in gleicher Pracht wiederhergestellt.

Abb. 61: Tittmoning, Lkr. Traunstein, Mosaikboden mit geometrischen Mustern. Nach Keller.

Münchner Schotterebene

Der Großraum von München war auch in der Römerzeit dicht besiedelt. Durch die immer noch anhaltende Baukonjunktur mit ihrem immensen Flächenbedarf und der verbesserten Qualität der Bodendenkmalpflege ist der Stand der Forschung in diesem Raum sehr gut. Eine aktuelle wissenschaftliche Bearbeitung steht noch aus, aber schon bei der Studie von W. Czysz von 1974 fiel auf, dass die Katastrophe des 3. Jhs. n. Chr. sich in dieser Region anscheinend nicht so stark durch den Rückgang oder gar Abbruch der Besiedlung auswirkte wie in den grenznahen Gebieten, speziell im Limesgebiet. Auch war die Region noch in der Spätantike dicht besiedelt, was es ebenfalls von der Grenzzone unterscheidet. Dies geht auch aus den Karten von Winghart hervor (Abb. Abb. 62a/b). Als weiteres spezielles Merkmal kann man feststellen, dass hier unverhältnismäßig viele Villen nur in Holz erbaut waren (Abb. 63) und Steinbauten sehr selten sind, wenn man als Maßstab etwa das Limesgebiet anlegt.

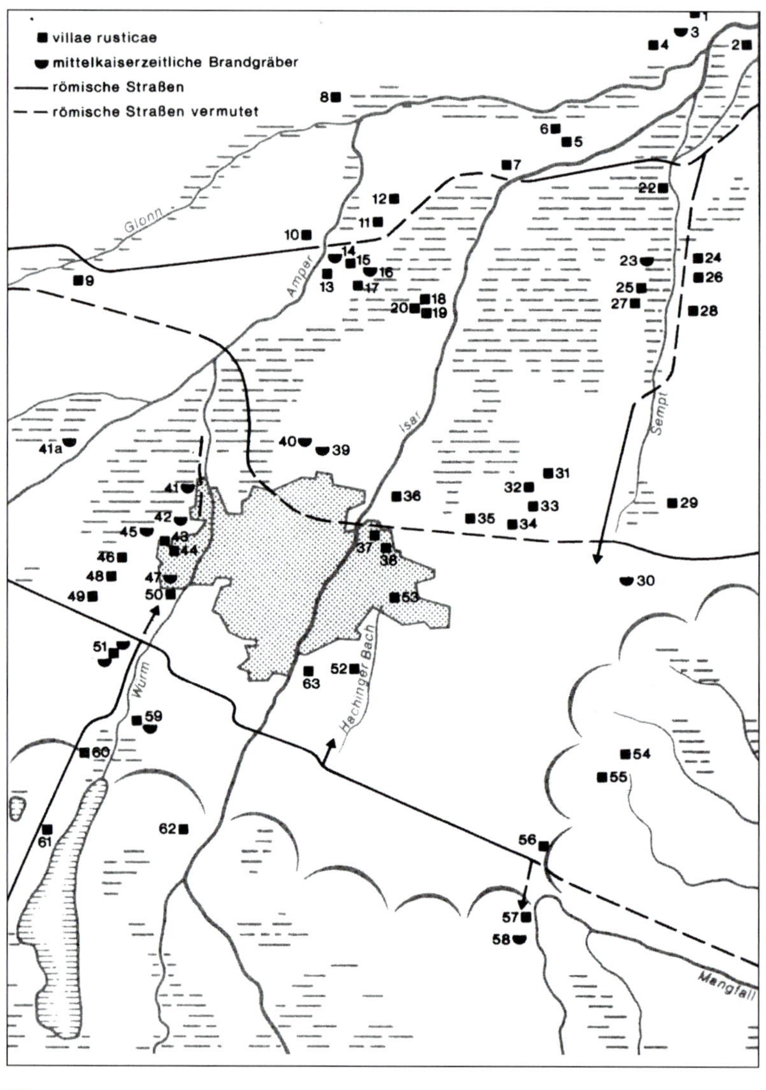

62a

Abb. 62a/b: Römische Besiedlung im Raum München: a) Mittlere Kaiserzeit; b) Spätantike. Nach Winghart.

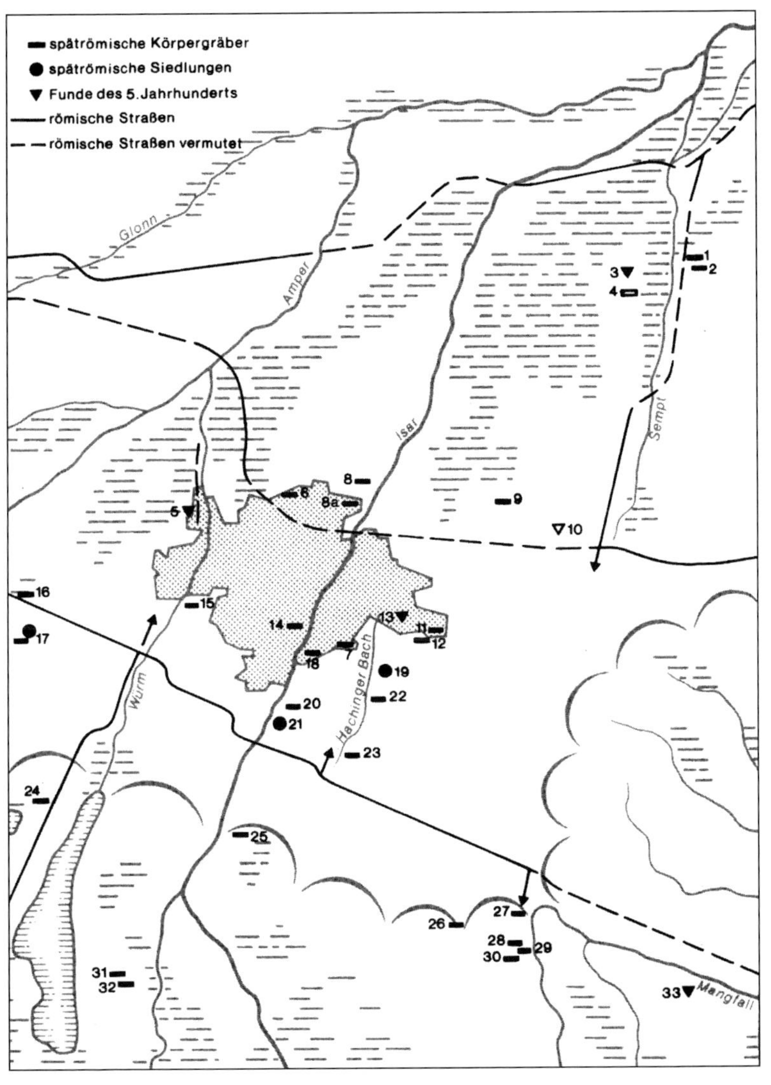
spätrömische Körpergräber
spätrömische Siedlungen
Funde des 5. Jahrhunderts
römische Straßen
römische Straßen vermutet
Glonn
Amper
Isar
Sempt
Würm
Hachinger Bach
Mangfall
1
2
3
4
5
6
8
8a
9
10
11
12
13
14
15
16
17
18
7
19
20
21
22
23
24
25
26
27
28
29
30
31
32
33

62b

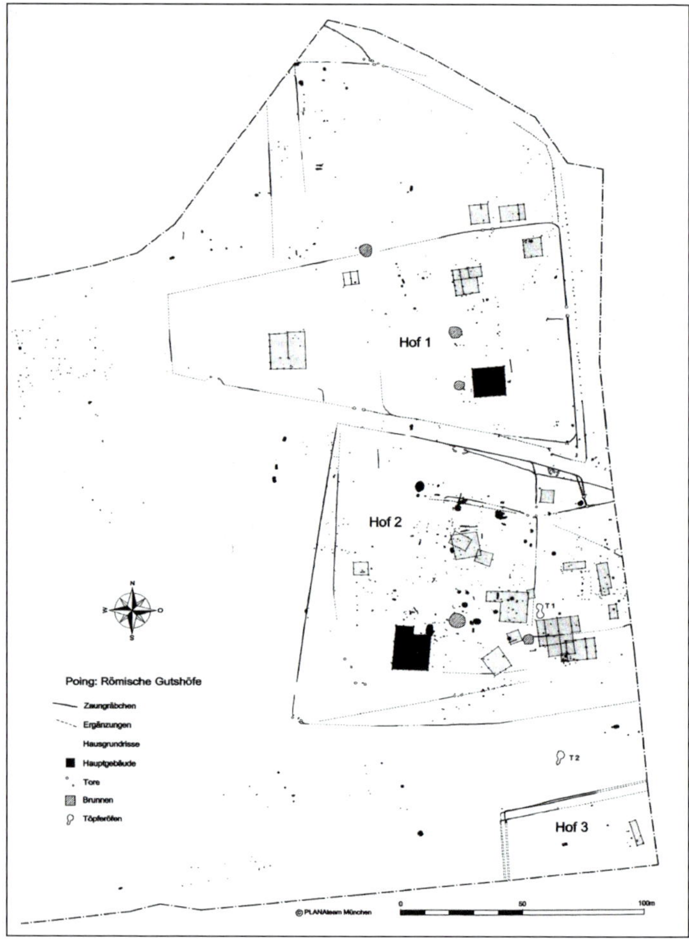

Abb. 63: Poing, Lkr. München, Hölzerne Villen. Nach Pietsch.

Zusammenfassung

Größe und Ausstattung der Villen im römischen Bayern waren nicht in einem Einheitsmuster über das Land verteilt. Es gibt hier, was z. B. das Vorkommen luxuriös ausgestatteter Großvillen angeht, deutliche Schwerpunkte, etwa das Umland von Augsburg oder Salzburg. Die Masse der in Raetien vertretenen

Villen sind kleinere und mittlere Anlagen vom Streuhoftyp; dabei gab es viel mehr hölzerne bzw. in gemischter Stein-Holz-Bauweise errichtete Villen, als man bisher angenommen hat. Eine Unterscheidung mittlerer und kleiner Villae rusticae vom Bautyp her ist möglich, die Übergänge scheinen allerdings ziemlich fließend zu sein. Grundsätzlich zeichnet sich ab, dass Anlagen, bei denen das Bad in das Hauptgebäude einbezogen ist, einer gehobeneren Kategorie angehören als solche, bei denen das Badegebäude frei neben dem Hauptgebäude steht. Unter diesen Anlagen sind Hauptgebäude mit Eckrisaliten, ebenso wie in anderen Provinzen an Rhein und Donau, sehr häufig. In Schwaben konzentrieren sich die Großvillen im direkten Umland der Provinzhauptstadt Augsburg, so die Anlagen von Friedberg, Stadtbergen (als *villa urbana* interpretiert), Unterbaar und Wehringen. Auch die Villa von Peiting (Lkr. Weilheim-Schongau) gehört zu den wenigen Großvillen der Provinz. Deren bekanntestes Beispiel stellt die Villa von Westerhofen dar, bisher die einzige Großvilla mit palastähnlichem Wohnbau und Mosaikenaustattung im Limesgebiet nördlich der Donau.

Die Entwicklung und das Ende der Villenbesiedlung im römischen Bayern verläuft regional sehr unterschiedlich: Im Limesgebiet nördlich der Donau endet bis zur Mitte des 3. Jhs. n. Chr. die römische Besiedlung, auch die der Villen. Häufige Brandschichten, Hortfunde und unbestattete menschliche Skelettreste deuten die Brutalität und die Plötzlichkeit an, mit der die römische Epoche hier endete. Südlich der Donau geht die Villenbesiedlung stark zurück und kann auch in der Spätantike nicht im Entferntesten die Dichte der mittleren Kaiserzeit erreichen. In der Region im Hinterland der ostraetischen Donaugrenze scheint die Villenwirtschaft schon nach der Mitte des 4. Jhs. n. Chr. weitgehend zu enden. Dafür scheint im Alpenvorland bis in das 5. Jh. n. Chr. hinein Landwirtschaft nicht nur in hölzernen Villenanlagen, sondern auch von Höhensiedlungen aus betrieben worden zu sein. In Noricum lassen sich im Vergleich mit den Nachbarprovinzen, etwa mit Raetien, doch auch signifikante Unterschiede mit dem relativ häufigen Vorkommen von Großvillen der Spätantike im Salzburger Raum feststellen.

Ingesamt weisen alle Indizien darauf hin, dass es der römischen Landwirtschaft in den Nordwestprovinzen gelungen ist, die wachsende Bevölkerung während der frühen und mittleren Kaiserzeit durch kontinuierliche Überschussproduktion ausreichend zu ernähren. Darin eingeschlossen waren auch die Bewohner der Städte und Vici sowie die Legionen und Hilfstruppen des Grenzheeres. Auch eventuelle örtlichen Krisen, etwa als Folge von Missernten, wusste man durch Vorratspeicherung und Importe aus anderen Regionen offensichtlich erfolgreich zu begegnen, so dass es hier während der frühen und mittleren Kaiserzeit keinerlei Überlieferung zu Ernährungskrisen gibt.

TYPEN RÖMISCHER VILLEN

Eine Einteilung der römischen Villen nach der Größe und Art ihrer Bauten ist derzeit nur unter großen Vorbehalten möglich. Ein Großteil der besser beurteilbaren Villen ist vorerst nicht in der Form ergrabener und genau vermessener Grundrisse fassbar, sondern nur durch nicht entzerrte Luftbilder, bei denen keine exakten Maße vorliegen. Diese wären aber für Größenvergleiche und eine exaktere typologische Einordnung unerlässlich. Eines scheint sich aber jetzt schon abzuzeichnen: Man muss in viel höherem Maße, als dies bisher aufgrund von älteren Grabungen bekannt war, in Villen mit Steinbauten auch mit hölzernen Bauten rechnen – und zwar nicht nur in Form von Vorgängerbauten steinerner Gebäude.

Holzvillen

Spuren hölzerner Gebäude, die in der Regel nur aus Erdverfärbungen bestehen, sind für den Laien nur schwer zu erkennen. So nimmt es nicht wunder, dass sie – im Gegensatz zu den Überresten von Steinbauten – fast nie bei zufälliger Aufdeckung, etwa im Rahmen von Bauarbeiten, der Forschung bekannt werden, sondern nur bei planmäßigen Ausgrabungen durch Archäologen. Dies gilt für Bauten prähistorischer Perioden und des Mittelalters genauso wie für die Römerzeit. Solche größeren Flächengrabungen im Vorgriff auf geplante Baumaßnahmen führt die Denkmalpflege in Bayern erst seit den 70er-Jahren durch; so erklärt es sich auch, dass erst seit dieser Zeit die Reste römischer Holzvillen in nennenswertem Umfang zutage traten. Derzeit ist noch nicht sicher zu klären, in welchem Umfang und in welcher Zeit hölzerne Bauten im Rahmen landwirtschaftlicher Betriebe üblich waren. Bisher konnten reine Holzbauten für die Frühzeit der römischen Besiedlung, also für das 1. Jh. n. Chr., nachgewiesen werden, etwa für Eching und Ingolstadt-Zuchering.

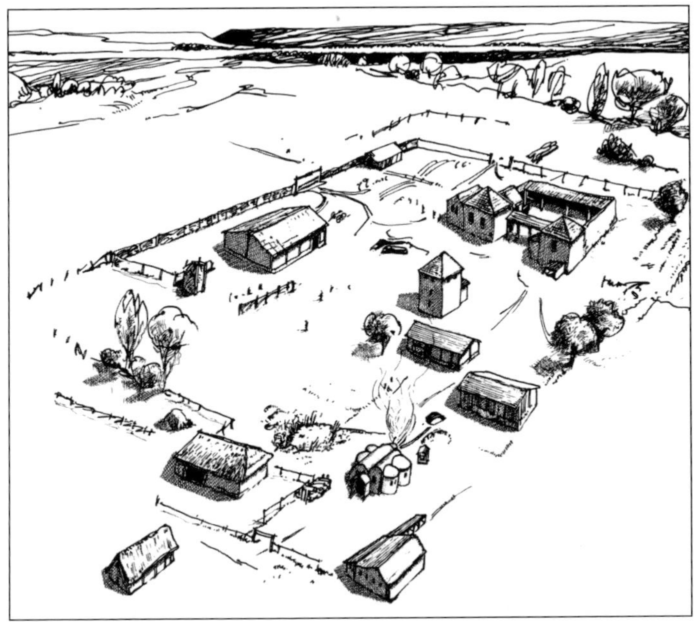

Abb. 64: Oberndorf am Lech, Lkr. Donau-Ries. Rekonstruktionszeichnung der Villa um 200 n. Chr. mit Steingebäuden (Hauptgebäude, Bad, Turmspeicher) und Holzbauten innerhalb einer hölzernen Umfriedung. Nach Czysz.

Hölzerne Vorgängerbauten von Villen , die dann im 2. oder 3. Jh. n. Chr. in Stein ausgebaut worden sind, wurden früher oft nur vermutet, sind aber nun durch bessere Grabungstechniken immer häufiger nachgewiesen worden, wie etwa in Oberndorf am Lech (Abb. 64) oder Möckenlohe. Immer häufiger gelang auch der Nachweis, dass Umfriedungen und einzelne Bauten weiterhin in Holz ausgeführt wurden, als die wichtigsten Bauten des Gutshofes bereits in Stein erbaut waren. Inwieweit solche Befunde häufiger sind und in welchem Mengenverhältnis solche Anlagen zu ganz aus Stein gebauten stehen, lässt sich schwer beurteilen. Sicher ist, dass es noch im 2. und 3. Jh. n. Chr., als der Steinbau auch bei ländlichen Ansiedlungen die Regel darstellte, auch ganz oder überwiegend in Holz erbaute Anwesen gab, wie etwa im Bereich von Zuchering (Stadt Ingolstadt) auf dem Schotterrücken zwischen Donau und Donaumoos, im östlichen Niederbayern und in der Münchner Schotterebene.

In Stein erbaute Villen

Im Gegensatz zu den Holzbauten sind Steingebäude der Römerzeit im Fundbild sicherlich überrepräsentiert, da Steinmauern und Ziegel auch bei zufälliger Auffindung durch Laien leicht erkannt wurden und so schon früh der Forschung bekannt geworden sind. Besonders gilt dies für die Hauptgebäude und Bäder mit ihren aufwendigen Fußboden- und Wandheizungen, weshalb v. a. diese Gebäude seit Beginn der archäologischen Forschung in Bayern in der Fachliteratur aufscheinen, Nebengebäude oder gar komplette Villenanlagen erst seit jüngerer Zeit. So verzeichnet der ältere Forschungsstand zu Villen in Bayern nur eine einzige komplette Villa, die während des ersten Weltkriegs ergrabene von Regensburg-Burgweinting (Abb. 82).

Neufunde haben es mit sich gebracht, dass unsere Vorstellungen zur Höhe der Haupt- und Nebengebäude römischer Villen grundsätzlich zu revidieren sind: Man hat diese immer viel zu niedrig eingeschätzt! Man hat z. B. in Oberndorf-Bochingen in Baden-Württemberg nach außen umgestürzte Wände eines Nebengebäudes gefunden, die eine Rekonstruktion ihrer Höhe von 12 m Firsthöhe und einem Giebeldach mit 33° Dachneigung belegen. Einen gewissen Hinweis gibt neuerdings auch die Villa „An der Brunnstube", Stadt Regensburg (Abb. 65). Auch hier ist eine Wand, möglicherweise die Erdgeschossmauer des nördlichen Eckrisalits, umgefallen und immerhin noch 4 m hoch erhalten. Allerdings ist sie nicht komplett vorhanden; 4 m stellen daher nur eine Mindesthöhe (plus x) dar. Immerhin kann man daraus eventuell eine Zweigeschossigkeit der Risaliten ableiten.

Nach wie vor kann man derzeit die römischen *villae rusticae* in Bayern (und meist auch in den angrenzenden Provinzgebieten) nicht nach den Kriterien der Gesamtbetriebsgröße gliedern, sondern in der nach dem i. d. R. wesentlich unschärferen Kriterium des baulichen Aufwands für das Hauptgebäude. Geht man von der Prämisse aus, dass sich die Größe eines landwirtschaftlichen Betriebes sowie der finanzielle und soziale Hintergrund seines Besitzers an Größe und Aufwand der Ausstattung seiner Gebäude ablesen lässt, dann kann man die bisher bekannten Villen in Bayern durchaus in verschiedene Gruppen einteilen.

In Raetien erweisen sich Bauten mit größerem baulichen Aufwand, also mit Mosaikböden, qualitätvollen Wandmalereien, Ausstattung mit Werksteinen und Stukkatur, ganz abgesehen von kostbaren Wandtäfelungen aus importiertem Marmor und

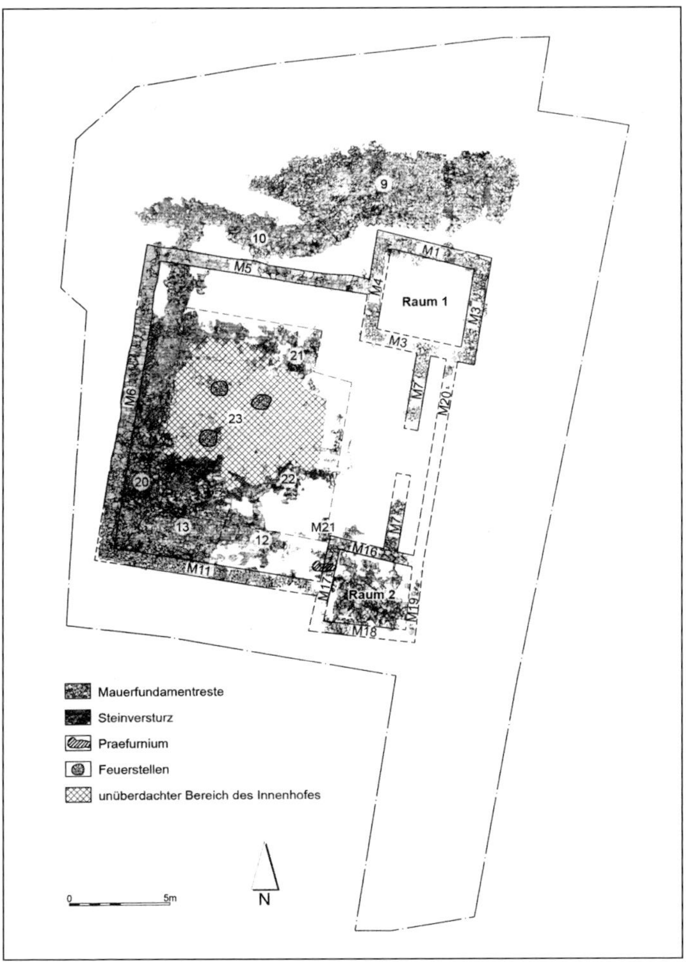

Abb. 65: Regensburg, Villa „An der Brunnstube". Nach Deininger.

anderen Steinen, als ganz seltene Ausnahme. Allein dadurch setzt sich Raetien von den benachbarten Provinzen als wesentlich ärmer und bescheidener ab. Die Masse der *villae rusticae* in Bayern dagegen waren kleine und mittlere Betriebe mit eher durchschnittlich-bescheidenem baulichem Aufwand.

Villae urbanae, Großvillen

An der Spitze der landwirtschaftlichen Betriebe in Raetien stand wohl eine kaiserliche Domäne bei Westheim westlich von Augsburg, von der man allerdings nur eine Ziegelei mit Töpfereibetrieb kennt, die dort sicher vorauszusetzenden zu einem landwirtschaftlichen Betrieb gehörenden Liegenschaften aber noch nicht. Die Villen von Markt Berolzheim, die bisher nur durch alte Schürfungen und Luftbilder erschlossen sind, und die im Luftbild erfasste Villa von Nassenfels vertreten den in Raetien seltenen Typ der symmetrisch angelegten Großvilla. Dieser ist bisher, auf spätkeltische Wurzeln zurückgehend, etwa aus der Schweiz, aus Nordostgallien und dem Rheinland in großer Zahl bekannt geworden.

Die Großvilla von Markt Berolzheim, im unmittelbaren Hinterland des Limes gelegen, fällt mit ihrem Bautyp und ihrer Größe völlig aus dem lokalen Rahmen; sie liegt bezeichnenderweise auch inmitten eines isoliert gelegenen Areals von landwirtschaftlich optimal nutzbaren Böden. Auch die Villa von Peiting gehört zu den wenigen Großvillen der Provinz, deren bekanntestes Beispiel die Villa von Westerhofen mit ihrem prächtigen Jagd- und Meereswesenmosaik darstellt (Abb. 66, 67, 95, 97, 98).

In Schwaben konzentrieren sich die Großvillen im direkten Umland der Provinzhauptstadt Augsburg; in Noricum ist dies im Umland von Salzburg der Fall.

Mittlere und kleine Villen

Eine Unterscheidung mittlerer und kleiner *villae rusticae* vom Bautyp her ist möglich, die Übergänge scheinen allerdings ziemlich fließend zu sein. Grundsätzlich zeichnet sich ab, dass Anlagen, bei denen das Bad in das Hauptgebäude einbezogen ist, einer gehobeneren Kategorie angehören, als solche, bei denen das Badegebäude frei neben dem Hauptgebäude steht. Unter diesen Anlagen sind Hauptgebäude mit Eckrisaliten, ebenso wie in anderen Provinzen an Rhein und Donau, sehr häufig.

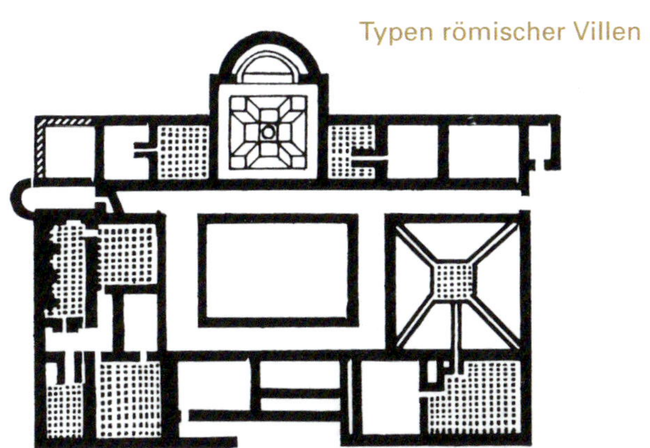

Abb. 66: Westerhofen, Lkr. Eichstätt, Hauptgebäude. Nach Fischer.

Abb. 67: Westerhofen, Lkr. Eichstätt, Mosaik aus dem Empfangs- und Speisesaal des Hauptgebäudes. Nach Franziß.

RECHTLICHE UND ÖKONOMISCHE GRUNDLAGEN

Besitzverhältnisse

Über die Besitzverhältnisse auf den Villen des römischen Bayern weiß man mangels schriftlicher Zeugnisse noch sehr wenig. Die Frage, ob die komplizierten Grundbesitz- und Pachtverhältnisse, wie sie aus Italien oder Nordafrika schriftlich wenigstens in Ansätzen überliefert sind, unbesehen im Detail auf die Nordprovinzen übertragbar sind, stellt ein momentan nicht lösbares Problem dar. Sicher scheint nur, dass auch im römischen Bayern mit großen staatlichen bzw. kaiserlichen Latifundien, gelegentlich aber auch mit umfangreichem privatem Grundbesitz zu rechnen ist. Auf diesen Ländereien wurden dann einzelne Anwesen durch Pächter oder Verwalter bewirtschaftet. Das heißt also, dass man keinesfalls in jeder kleinen und mittleren *villa rustica* einen selbstständigen Familienbetrieb freier Bauern in Privatbesitz sehen darf. Es ist vielmehr damit zu rechnen, dass die Masse der mittleren und kleineren Anwesen von Pächtern oder Verwaltern bewirtschaftete Höfe darstellen, die sich auf staatlichem oder privatem Großgrundbesitz befanden. Kleinere Betriebe in privatem Besitz dürften eher die Ausnahme gewesen sein.

Alleine von der Typologie der Höfe her ist eine sichere Entscheidung in dieser Frage unmöglich. In solchen speziellen Fragen könnten nur glückliche Neufunde von Inschriften weiterhelfen, sieht man von Sonderfällen, wie in Wehringen, ab, wo durch archäologische Funde als Besitzer der Großvilla eine dem Senatsadel zugehörige Familie erschließbar scheint. Auch der Grabstein des Flavius Vettius Titus, eines *advocatus fisci Raetici* (hoher Verwaltungsjurist in der raetischen Provinzverwaltung) von Derching (Lkr. Augsburg), lässt erahnen, aus welchen hochgestellten Kreisen die Gutsbesitzer des Augsburger Umlandes gelegentlich kamen. Gutsverwalter sind in Bayern inschriftlich zweimal bezeugt: in Raetien durch den Grabstein von Aufkirchen (Lkr. Fürstenfeldbruck), in Noricum durch den Stein von Rotthof (Lkr. Passau). Die Grabinschrift von Aufkirchen nennt den Verwalter (actor) Catullinus, der ein Sklave war. Als dessen (und auch des Gutes) Besitzer wird ein Paterninus Lepidus genannt. Der Grabstein, den sich die Gutsverwalterin *(vilica)* Flora in Rotthof für sich und ihre Familie noch zu Lebzeiten setzen ließ, erwähnt auch ihren Mann, den Verwalter *(actor)* Ursus. Damit erfüllt dieses Ehepaar in geradezu idealer Weise die Empfehlung der einschlägigen antiken Fachliteratur, *actor* und *vilica* zu verheiraten. In den grenznahen Anwesen liegt es nahe, dass sie überwiegend von in Ehren entlassenen Soldaten bewirtschaftet wurden, sei es als Pächter, sei es als Besitzer. Immerhin gibt es hierfür deutliche Hinweise durch Funde militärischer Ausrüstung in Villen bzw. in zu Villen gehörigen Gräberfeldern bzw. an der Fundverteilung der Militärdiplome.

Betriebsgrößen und Personalbedarf

Ein weiterer, an sich sehr wesentlicher Faktor bei der Beurteilung landwirtschaftlicher Betriebe ist die Größe der bewirtschafteten Flächen. Während man die Größe des Anwesens selber gut beurteilen kann, gibt es für die zugehörigen Flächen nur grobe Schätzungen, in der Regel um 100 Hektar. Die Bewirtschaftung einer solchen Fläche wäre von einer Großfamilie zu bewältigen. Diese Schätzungen gehen aber nicht auf exakte Daten, wie die erhaltenen Reste römischer Grenzmarkierungen oder gar Grenzsteine, zurück, sondern sind im Grunde eher von Angaben der antiken Fachliteratur (die nur auf Italien bezogen ist!) als von wirklich handfesten Indizien abgeleitet. W. Czysz, der auch einschlägige Versuche aus anderen Regionen des römischen Reiches zusammenfassend dargestellt hat, bringt solchen einheitlichen Werten große Skepsis entgegen. Bei seinen Untersuchungen im Nördlinger Ries deuteten sich recht individuelle Größen der Wirtschaftsflächen einer Villa an, die ganz wesentlich von der lokalen Topographie abhängig waren.

Um die Zahl der Bewohner einer durchschnittlichen Villa zuverlässig zu schätzen, fehlen repräsentative, ganz erhaltene Gräberfelder in einer statistisch relevanten Menge. So ist man auch hier von Schätzungen abhängig. Bei kleineren Villen rechnet man mit Familienbetrieben von 10–15 Personen, also eine Großfamilie, Gesinde eingeschlossen; bei größeren Villen erhöht sich diese Zahl. Waren die Siedler im Limeshinterland wirklich in Ehren entlassene Veteranen, so hatten sie zusammen mit Frau und Kindern auch das römische Bürgerrecht, das zumindest in der Theorie auch zum Besitz an Grund und Boden berechtigen würde.

Sklaven und Freigelassene sind für das römische Bayern zwar vereinzelt inschriftlich belegt, aber nur als Verwalter von Villen.

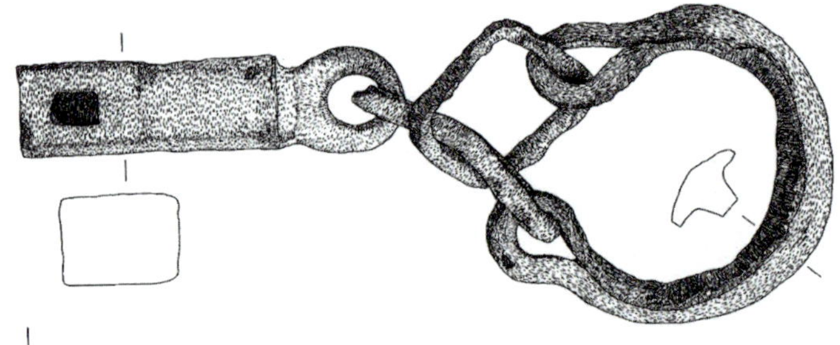

Abb. 69: Essenbach-Ammerbreite, Lkr. Landshut. Eiserne Sklavenfessel aus dem Sammelfund. Nach Batke u. a.

Ihr Anteil an der Bewohnerschaft einer durchschnittlichen Villa rustica ist aber völlig unklar. Immerhin tauchen gelegentlich, so in der Villa von Essenbach-Ammerbreite (Lkr. Landshut; Abb. 69) oder in der Großvilla von Tittmoning, eiserne Fußfesseln auf, die man mit Sklaverei in Verbindung bringen könnte. Auf keinen Fall kann man aber die Verhältnisse der späten Republik und der frühen Kaiserzeit Italiens, wo die großen Güter von in schlimmen Verhältnissen gehaltenen Agrarsklaven betrieben wurden, auf das römische Bayern übertragen.

Für den Mittelmeerraum, v. a. für Nordafrika, die Kornkammer des römischen Reiches, sind Saisonarbeiter, v. a. Schnitter, gut bezeugt. Zwar kennt man diese nördlich der Alpen durch konkrete Belege, etwa Inschriften, nicht, doch darf man solche Tagelöhner und Saisonarbeiter auch hier annehmen. Sie könnten in den Vici und Kastellvici gewohnt haben.

Betriebsarten

Es gibt bisher kaum Indizien dafür, anhand einschlägiger Bauten oder Funde auf Spezialkulturen, wie etwa Weinbau, zu schließen. Man kann nur beobachten, dass es einige wenige Villen gibt, die zwar nicht vom Gebäudebestand oder vom Fundmaterial her aus dem Rahmen des üblichen fallen, wohl aber von der Topographie. So liegen die Villen von Oberndorf am Lech oder von Eltheim (Lkr. Regensburg) nicht – wie sonst üblich – an einem Hang im Lößgebiet, sondern auf flachem Gelände in der feuchten Niederung inmitten von für Ackerbau weniger geeigneten Böden. Dies legt eine Konzentration auf eine bestimmte Wirtschaftsform nahe, die nicht vom Ackerbau geprägt ist, etwa Viehzucht oder Graswirtschaft mit Heugewinnung. Auch mit Villen, deren Haupterwerbszweig in der Pferdezucht besteht, müsste man zumindest in der Nähe von Reiterkastellen rechnen. Dafür fehlt allerdings bisher der konkrete Nachweis.

Eine andere Frage ist, inwieweit Villen als Straßenstationen auch außerhalb von Vici durchreisenden Personen Unterkunft, Verpflegung und Futter für Reit- und Zugtiere geboten haben könnten. So etwas könnte man z. B. für Essenbach-Ammerbreite annehmen, wo auch eine gut ausgestatte Schmiedewerkstatt mit Wagnerei existiert hat. Bei der Villa von Möttingen ist es die Kombination von direkter Nachbarschaft zu einer Hauptstraße und dem Nachweis von Bierbrauerei, die W. Czysz an eine Straßenstation denken lässt. Auf zusätzliche handwerkliche Produktion, die gelegentlich in Villen als Nebenerwerb betrieben worden ist, wird auf S. 138–142 eingegangen.

BAUTYPEN

Hofumfriedung

Villen waren nach außen gut gesichert: Innerhalb der Hofumfriedung, die von einer Steinmauer, einem Holzzaun oder auch nur von einer Hecke (im Rheinland durch Pflanzgräben belegt!) gebildet wurde, befanden sich neben dem Hauptgebäude verschiedene Wohn- und Wirtschaftsbauten, deren Funktion in den wenigsten Fällen genauer anzusprechen ist, zumal wenn sie nur von Luftbildern bekannt sind. Eindeutig gelingt dies meist nur bei den Badegebäuden oder bei Speichern.

Hauptgebäude

Die Hauptgebäude der Villen, v. a. aber der Großvillen entziehen sich weitgehend einer allzu strengen Typisierung, da sie recht individuell entworfen sind. Wo nun diese Bautypen im Einzelnen herzuleiten sind, ist noch zu klären. Forschungen in dieser Richtung müssen aber überregional angelegt sein, vom römischen Bayern aus sind sie kaum zu leisten. Sie werden erschwert, weil in der Regel nur Grundrisse ohne aufgehendes Mauerwerk bekannt sind.

Abb. 68: Holheim, Lkr. Donau-Ries. Villa rustica unterhalb der Ofnethöhlen (10, 11): 1) Hauptgebäude; 2) Bad; 3–7) Nebengebäude; 8) Hofmauer; 9) Verbindungsmauer zwischen Hofmauer und Nebengebäude. Nach Czysz/Faber (7).

Hauptgebäude von kleinen und mittleren Villen

Die Masse der in Bayern bekannten Hauptgebäude gehören zu mittleren und kleinen *villae rusticae*. Als bescheidenste Form des steinernen Hauptgebäudes treten einfache, winkelförmige Bauten am Rande eines großen Hofes, wie in Hüssingen oder Holheim, auf (Abb. 68, 70a, b). Diese Art der Hauptgebäude hat als einzige eine überregionale wissenschaftliche Bearbeitung erfahren: J. Trumm bezeichnet sie als „Rechteckbauten mit L-förmigem Wohntrakt". Sie konzentrieren sich im raetischen Limes-

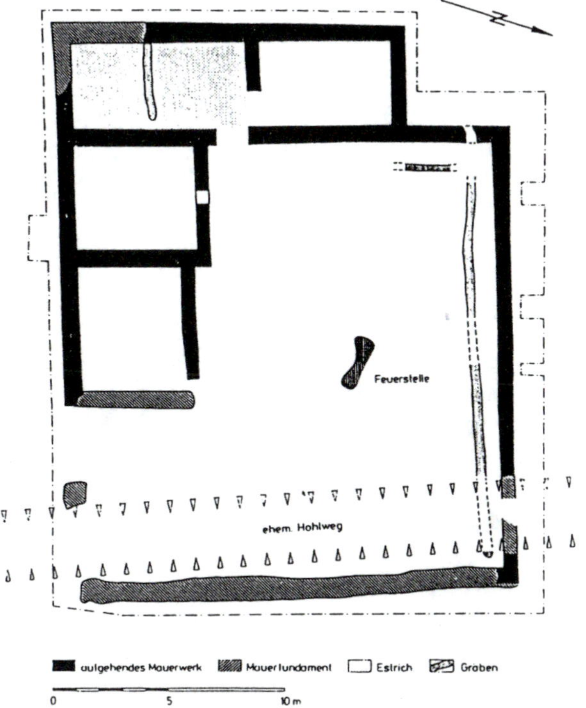

Abb. 70a: Hüssingen, Lkr. Weißenburg-Gunzenhausen. Hauptgebäude der Villa. Nach Fischer.

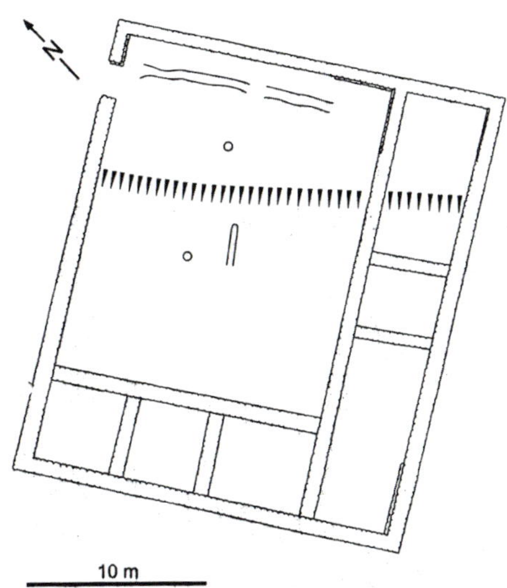

Abb. 70b: Holheim, Lkr. Donau-Ries, Hauptgebäude. Nach Czysz/Faber.

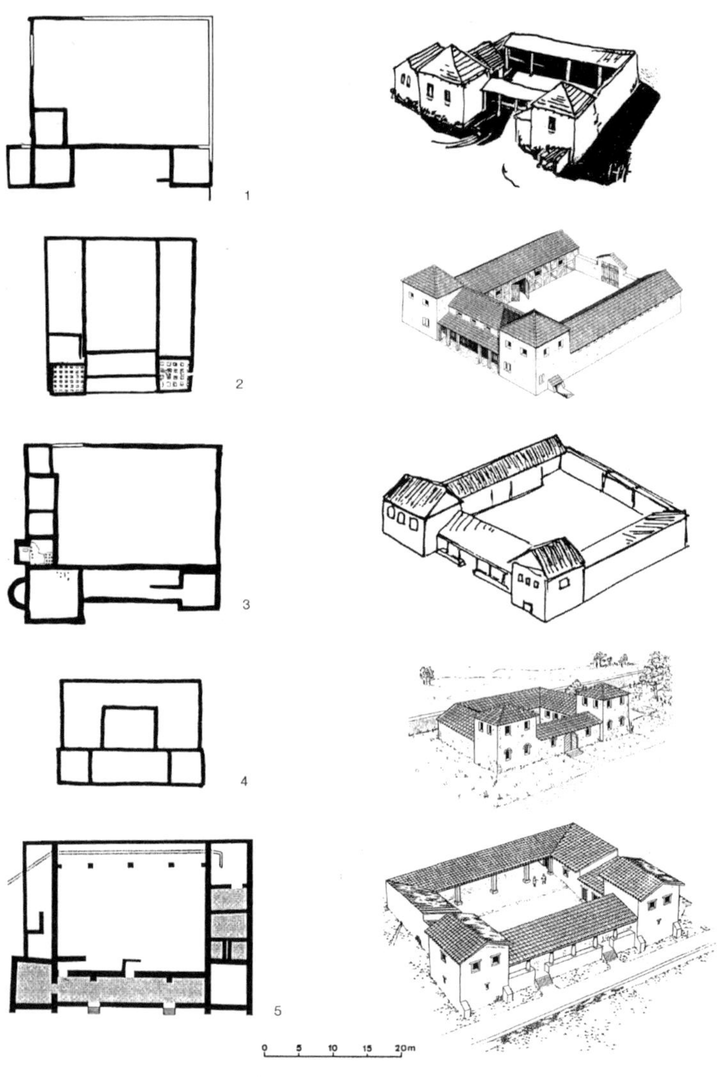

Abb. 71: Hauptgebäude von kleineren und mittleren Villen mit Eckrisaliten aus Raetien: 1) Oberndorf am Lech, Lkr. Donau-Ries; 2) Holzhausen, Gde. Bergen, Lkr. Traunstein; 3) Möckenlohe, Gde. Adelschlag, Lkr. Eichstätt; 4) Zaitzkofen, Gde. Pfakofen, Lkr. Regensburg; 5) Weinbergshof, Gde. Treuchtlingen, Lkr. Weißenburg-Gunzenhausen. Nach Sorge.

gebiet und im oberen Donauraum/Südschwarzwald. Vereinzelt streuen diese Wohnbauten bis in die Wetterau, die Pfalz und ins Rheinland.

Am häufigsten kommen im römischen Bayern die Hauptgebäude mit Porticusfront und Eckrisaliten (Abb. 71) vor, kombiniert mit einem Innenhof. Dieser kann von zwei oder drei Seiten von Baueinheiten umgeben sein. Die Eckrisaliten stellen an der Schauseite mit Eingangssituation eine besondere Betonung des Baus dar, sie werden immer als turmartig hervorragende Baueinheiten rekonstruiert. Von dieser Schauseite, zumeist erhöht gelegen, hat man einen Überblick über die Villenanlage. Umstritten war immer wieder, ob die Risaliten eingeschossig oder zweigeschossig zu rekonstruieren sind. Hier schafft ein Befund im Weinberghof bei Treuchtlingen Klarheit. In einem Risalit war der Estrich des Erdgeschosses gut erhalten und mit Schutt aus dem Mauerversturz bedeckt. In diesem Schutt fanden sich weitere Estrichfragmente, die nach Lage der Dinge nur vom Estrich eines Zwischenbodens stammen konnten: Der Bau war also zweigeschossig. Einen weiteren Hinweis in dieser Richtung gibt die Villa „An der Brunnstube" (Stadt Regensburg): Eine umgestürzte Wand, möglicherweise die Erdgeschossmauer des nördlichen Eckrisalits, war immerhin noch 4 m hoch erhalten. In den Risaliten befinden sich in der Regel Wohnräume mit oder ohne Hypokaustheizungen. Zwischen den Risaliten liegt eine Halle, die als Säulenhalle *(porticus)* mit Eingangssituation rekonstruiert wird. Gelegentlich sind Aufgänge von Freitreppen erhalten. Nicht immer finden sich noch Reste von Steinsäulen, doch gibt es genügend Beispiele, um diese Eingangshallen in der Regel mit einer repräsentativen Säulenfront zu ergänzen. Dabei ist zu beachten, dass auch Holzsäulen denkbar sind. Die restlichen zwei oder drei Flügelbauten um den Innenhof konnten Wohn- und Wirtschaftsräume, aber – bei aufwendiger gestalteten Anlagen – auch Bäder enthalten.

Hauptgebäude von Großvillen

Axialsymmetrisch aufgebaut ist auch das Hauptgebäude der Großvilla von Nassenfels (Abb. 50). Die breite Front des Wohntraktes, der *pars urbana*, hat rückwärtig einen großen, von zwei Seitenflügeln flankierten Hof, oder besser: Park. Vor der repräsentativen Fassade liegt, symmetrisch angelegt an einer Umfassungsmauer des Hofes, die *pars rustica*, das Ensemble der landwirtschaftlichen Nutzbauten. Großvillen mit Hauptgebäuden

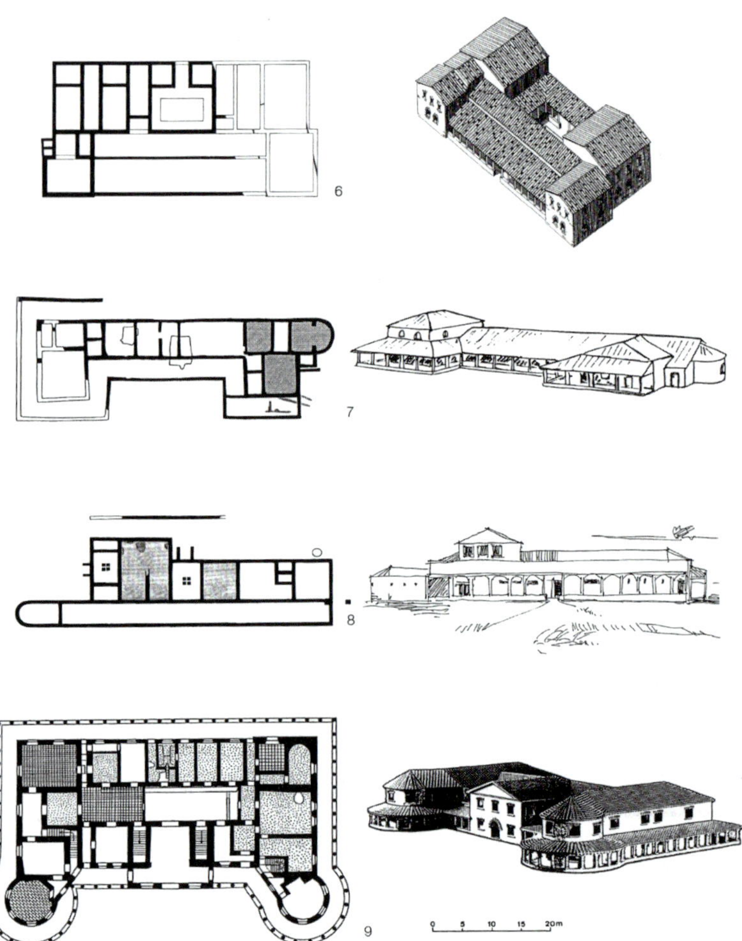

Abb. 72: Hauptgebäude von größeren Villen mit Eckrisaliten bzw. Korridorvilla (8) aus Raetien: 6) Alburg, Stadt Straubing; 7) Friedberg, Lkr. Aichach-Friedberg; 8) Unterbaar, Gde. Baar, Lkr. Aichach-Friedberg; 9) Stadtbergen, Lkr. Augsburg. Nach Sorge.

ganz unterschiedlicher Architektur kommen im direkten Umland der Provinzhauptstadt Augsburg vor (Abb. 72, 7–9). Sie werden von der Forschung als „*villa suburbana*" bezeichnet. Den größten und raffiniertesten Entwurf vertritt der Bau von Stadtbergen (Lkr. Augsburg; Abb. 72, 9). Dann folgen die Anlagen von Unterbaar und Friedberg (Abb. 72, 7 und 8). Drei Großvillen liegen bisher eher isoliert in einem Raum, wo sonst bescheidenere Anlagen dominieren: Das Hauptgebäude der Eckrisalitvilla von Alburg, Stadt Straubing (Abb. 72, 6), mit ihrem wohl als Ziergarten gestalteten Innenhof und ihrer überdimensionalen Porticus im Frontbereich ist der größte Ekrisalitbau in Raetien. Das Hauptgebäude der Villa von Westerhofen (Lkr. Eichstätt; Abb. 66, 67) im Limesgebiet mit zahlreichen heizbaren Räumen, Innenhof und großem Empfangs- und Speiseraum mit Mosaik vertritt dagegen einen weniger konventionellen Bautyp. Auch das recht individuell gestaltete, mehrfach umgebaute Hauptgebäude der Villa von Peiting (Lkr. Weilheim-Schongau; Abb. 74) gehört zu den wenigen größeren Villenanlagen der Provinz Raetien. Ihr Hauptgebäude mit Innenhof weist eine Eingangshalle auf, die in zwei Apsiden endet. Von dort aus führen zwei gedeckte Korridore zu einem aufwendigen separat gelegenen Badehaus. Bad und Korridore wurden sicherlich später angebaut. Ein weiterer später angesetzter gewinkelter Korridor führt nach Norden zu einer noch nicht erforschten Baueinheit. Einige spätantike Funde lassen auf eine längere Nutzungszeit der Anlage schließen.

Bäder

Zu den herausragenden Eigenheiten römischer Villen, auch in den Provinzen nördlich der Alpen, gehört eine Badeanlage (Therme). Je nach Größe der Villa und Wohlstand ihrer Bewohner liegen diese in verschiedener Ausführung vor. Auch einfachere Villen mit bescheidenen Hauptgebäuden verfügen über Bäder. Die einfachste Variante sind freistehende Badegebäude vom sog. Blocktyp, wo die Räume in der Reihenfolge des Badevorgangs angeordnet sind: vom Umkleideraum *(apodyterium)* in das Laubad *(tepidarium)*, das Heißbad *(caldarium)* und in das Kaltbad *(frigidarium)*. Auch ein Dampfbad *(sudatorium)* oder ein trockenes Schwitzbad *(laconicum)* konnten zu einem solchen kleineren Badegebäude gehören, ebenso Latrinen (Abb. 73, a/b). Auch kleinere Bäder verfügten über Glasfenster und Raumdekoration durch Wandbemalung. Bei mittleren und größeren Villen mit größeren Hauptgebäuden können die Bäder in das Hauptgebäude integriert sein (Abb. 74). Bei großen Palastvillen wiederum können die oft luxuriös mit Malerei und Marmor ausgestatteten Bäder wieder freistehende Baueinheiten sein, dann aber zumeist mit einem überdachten Gang, der Bad und Wohngebäude verbindet. Bei Ausgrabungen waren Badeanlagen schon immer

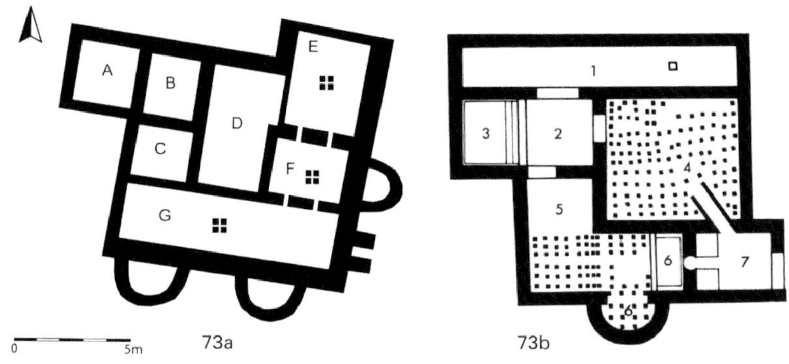

Abb. 73a/b: Freistehende Badegebäude von Villen aus Raetien: a) Regensburg-Harting. Raum A und B – Zugang und Umkleideraum; Raum C – Becken Kaltbad; Raum D – Kaltbad; Raum E – Laubad; Raum F – Heißbad mit Badebecken in der Apsis; Raum G – Heißbad. Nach Schnetz. b) Schwangau, Lkr. Ostallgäu: Raum 1 – Eingang und Korridor; Raum 2 – Kaltbad mit Kaltwasserbecken 3; Raum 4 – Laubad; Raum 5 – Heißbad mit Badebecken 6; Raum 7 – Heizraum. Nach Krahe/Zahlhaas. Beide Bauten vertreten den sog. Blocktyp.

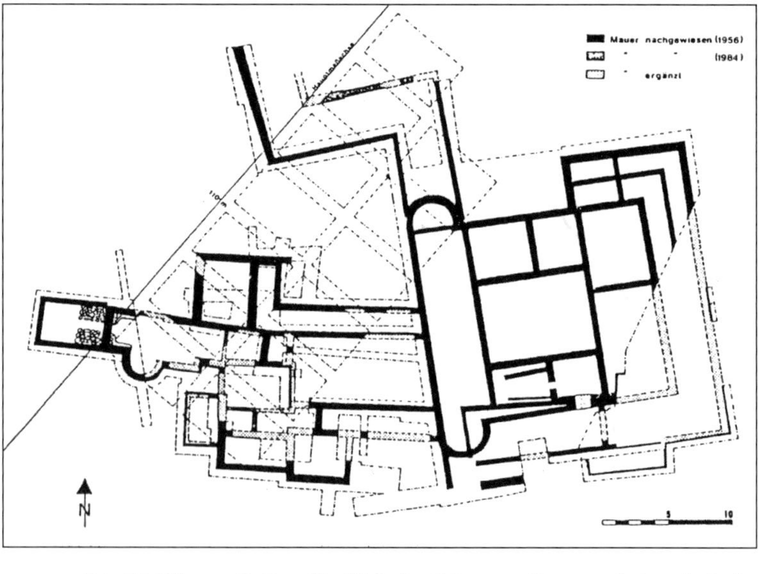

Abb. 74: Villa von Peiting, Lkr. Welheim-Schongau. Das separierte aufwändigere Badegebäude ist mit dem Hauptgebäude durch überdachte Korridore verbunden. Nach Riedel.

leicht zu identifizieren: durch die charakteristischen Heizanlagen auf Ziegel- oder Steinpfeilern, durch die Reste von Badebecken aus rosarotem wasserdichtem Mörtel mit der charakteristischen Beimischung von Ziegelkleinschlag und durch das häufige Vorkommen von halbrunden Apsiden. Wenn möglich, hat man die Thermen mit Quellwasser betrieben.

Nebengebäude

Innerhalb der Hofeinfriedung einer Villa rustica vom Streuhoftyp standen neben dem Hauptgebäude und dem Bad weitere Bauten. Zumeist dienten sie der landwirtschaftlichen Produktion. Es stellt sich auch immer mehr heraus, dass manche Typen von Nebengebäuden auch in Holz gebaut vorkommen können, wenn andere Bauten, wie das Hauptgebäude, schon lange in Steinbautechnik existieren. Es ist ein großes Problem, dass mit Ausnahme von Bädern, Wohnbauten, Turmspeichern und Darren in der Regel der Bautyp keinerlei Festlegung auf die Funktion der Nebengebäude zulässt. Funde, die dies tun könnten, fehlen zumeist.

Wohnbauten

Neben den Hauptgebäuden, wo der Besitzer oder Pächter der Villa wohnte, gab es auch zusätzlich – zumindest bei größeren Villen – Wohnhäuser für das Gesinde. Diese waren gelegentlich mit Funktionsbauten kombiniert. Man kann sie an Herdstellen oder Konzentrationen von Koch- und Tafelgeschirr identifizieren, sie konnten aber auch eine bessere Ausstattung, z. B. Fußbodenheizung, aufweisen.

Speicherbauten

Zur Lagerung von Getreide, aber auch von Hülsenfrüchen, wie Erbsen, Bohnen etc., dienten Speicherbauten. Da deren Inhalt besonders auch bei Mäusen beliebt war, ist es kein Wunder, dass in römischen Villen häufig Belege für Hauskatzen auftauchen. Nicht immer lassen sich Speicherbauten sicher identifizieren, denn die Pfeiler für einen abgehobenen Boden, wie bei militärischen Speichern der Kastelle üblich, fehlen in den Villen des römischen Bayern. Am ehesten lassen sich Turmspeicher durch ihre massive Bauweise erkennen. Auch mehrfache Raumeinteilung oder Fundamente von Laderampen werden zur Identifizierung von Speicherbauten herangezogen. Das sicherste Indiz für einen Speicherbau ist natürlich das immer wieder belegte Vorkommen von verkohltem Getreide.

Ställe

Sind Pferde oder Rinder von robuster Rasse, ist Stallhaltung nicht unbedingt nötig. Es gibt aber bei den Villen im römischen Bayern genügend Grundrisse von Nebengebäuden, die man zu Stallungen erklären könnte. Dazu fehlen allerdings konkrete Belege, wie Futtertröge, wie sie bei außergewöhnlich guten Erhaltungsbedingungen, etwa in Rheinland Pfalz, angetroffen worden sind. Für Kleinvieh, wie Schafe, konnten Bauten außerhalb der Hofmauern als Ställe gedient haben. Geflügel wurde aus Sicherheitsgründen innerhalb der Hofmauern gehalten und nachts in Ställe eingesperrt, denn Fuchs, Habicht und Marder bildeten sicherlich schon in der Römerzeit eine große Gefahr.

Schuppen und Werkstätten

Auch diese Typen von Nebengebäuden zum Unterstellen von Wägen oder größeren Agrargeräten bzw. für Schmieden oder Holzbearbeitung sind mit Sicherheit auf Villae rusticae vorauszusetzen, es gibt aber kein Fundmaterial in Nebengebäuden, das diese Funktionsansprache sicher zulassen würde. Wagenteile und Werkzeug fanden sich bisher in der Regel nur verlagert, etwa in Sammelfunden.

Darren

Mit Darren (Abb. 75–78), die im römischen Bayern sehr häufig vorkommen, hat sich jüngst W. Czysz ausführlich auseinandergesetzt. Dabei handelt es sich um Bauten mit nur einem Raum, die ein im Boden eingetieftes Heizsystem besitzen. Sie ähneln Hypokaustheizungen, wurden aber mit wesentlich niedrigeren Temperaturen betrieben. Daher genügte es, wenn ihr Boden nur mit Holzbohlen und nicht mit Steinplatten abgedeckt war. Darren können isoliert stehen, kommen aber auch in überdachte sonstige Wirtschaftsgebäude integriert vor, niemals jedoch in der Nähe von Wohngebäuden. Dies hat Czysz mit der von diesen Einrichtungen ausgehenden erhöhten Brandgefahr begründet. Darren sind zur Trocknung von Früchten und Getreide universell einsetzbar, v. a. aber wurde in ihnen bei relativ niedriger Temperatur Spelzgetreide durch Erhitzen entspelzt und konserviert. Wie im Fall von Möttingen im Ries durch botanische Untersuchungen belegt, wurde auch Malz zum Bierbrauen gedarrt.

Abb. 75: Möttingen, Lkr. Donau-Ries. Grabungsfoto der Darre aus der Villa/Straßenstation. Nach Czysz.

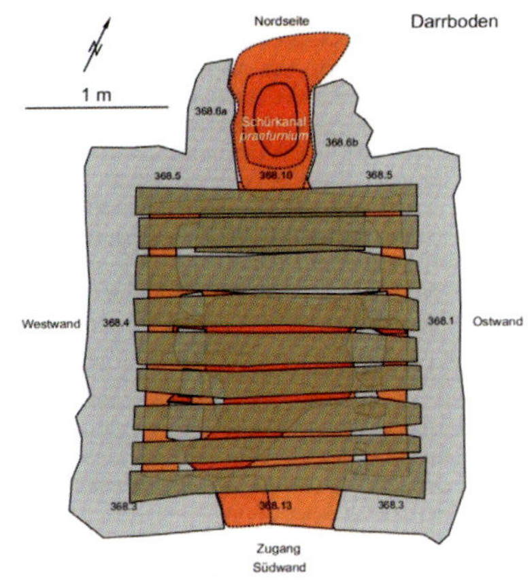

Abb. 76: Möttingen, Lkr. Donau-Ries. Rekonstruierter Grundriss der Darre aus der Villa/Straßenstation. Nach Czysz.

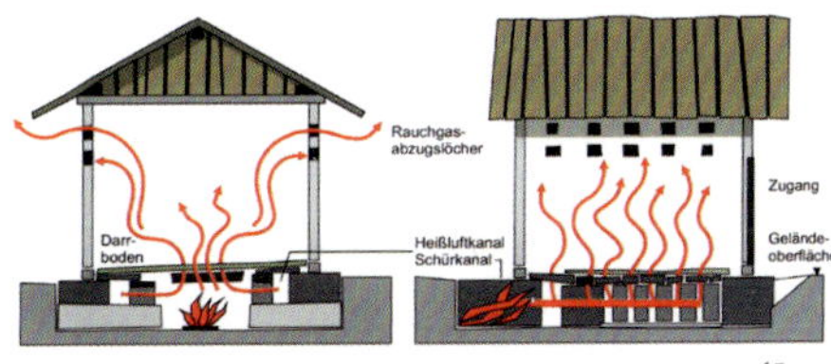

Abb. 77: Rekonstruktion einer Darre. Nach Czysz.

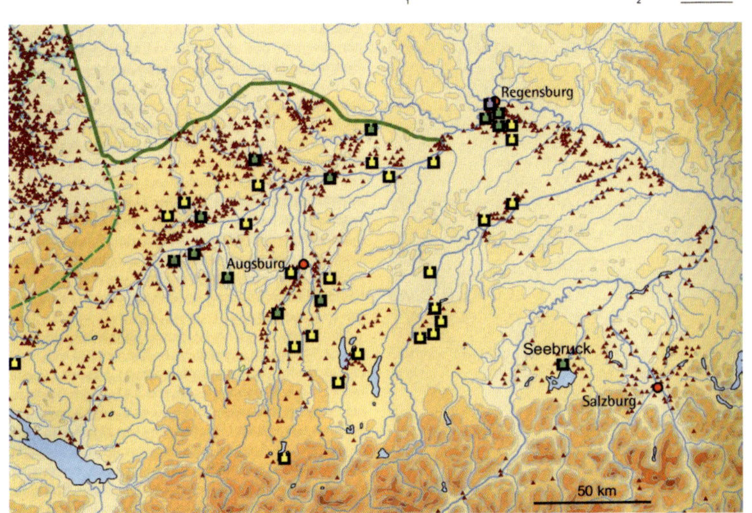

Abb. 78: Verbreitung der Darren in Raetien. Nach Czysz.

In Villen wurde überwiegend Getreide als Vorbereitung zum Dreschen entspelzt und zur besseren Lagerung gedarrt, in größeren Siedlungen dienten Darren – oft waren mehrere gleichzeitig vorhanden – eher zum Bierbrauen. Da Bier in der Römerzeit weit weniger haltbar war als heute (es gab noch keine Konservierungsstoffe, wie Hopfen), vertrug es keine längeren Transportwege und musste besser direkt in der Nähe der Verbraucher hergestellt werden. Natürlich braute man auch in Villen seinen Haustrunk, aber dessen Mengen hielten sich sicherlich in Grenzen. Ganz anders war es in den Schenken der Vici oder gar an Militärstandorten: Dort benötigte man größere Mengen für durstige Reisende und Soldaten. Besonders häufig sind bezeichnenderweise solche Brauereien in Regensburg, wo die Soldaten der 3. Italischen Legion anscheinend besonders gute Kunden waren. Dieser Befund geht mit dem auffallend geringen Vorkommen von Weinamphoren dort einher.

Dreschplätze

Befestige Plätze, wo das Korn gedroschen wurde, sind im römischen Bayern nur in der Großvilla von Etting bei Ingolstadt bekannt. Das dazu benötigte Gerät, wie Dreschschlitten, Dreschsparre, Worfschaufeln oder Schwingen, sind aus Bayern nicht bekannt, denn sie bestanden aus vergänglichen Materialien, wie Holz, Leder oder Weidengeflecht. Man kennt sie nur aus bildlichen Darstellungen, etwa im Moselland, aus einigen glücklichen Funden mit Feuchtbodenerhaltung aus Brunnen im Rheinland sowie aus kleinen Bronzemodellen im Kölner Raum, den sog. Mithrassymbolen.

Mühlen

In vielen Villen sind auch Mühlen nachweisbar, zumeist durch Funde von Mühlsteinen. In der Regel sind diese für Handmühlen viel zu groß. Für Wassermühlen fehlen – mit ganz wenigen Ausnahmen – die technischen Installationen für die Zu- und Ableitung des Gerinnes, das das Wasserrad betrieben hat. So bleibt als wahrscheinlichste in Frage kommende technische Lösung die Göpelmühle, die mit Tieren, weniger wahrscheinlich mit Menschenkraft, angetrieben wurde (Abb. 80). Es ist jedoch auch im römischen Bayern immer mehr mit der Verwendung von Wassermühlen zu rechnen, allerdings außerhalb von Villen. Eine Ausnahme bildet die Wassermühle der Villa von Etting bei Ingol-

Abb. 79: Günzburg, Weihealtar der Wassermüller (molinarii) an Neptun. Nach Czysz.

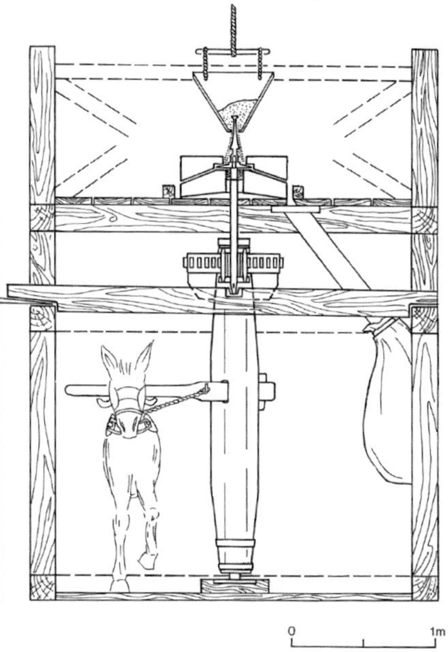

Abb. 80: Rekonstruktion einer Göpelmühle nach Funden aus dem Vicus vom obergermanischen Kastell Zugmantel. Nach Baatz.

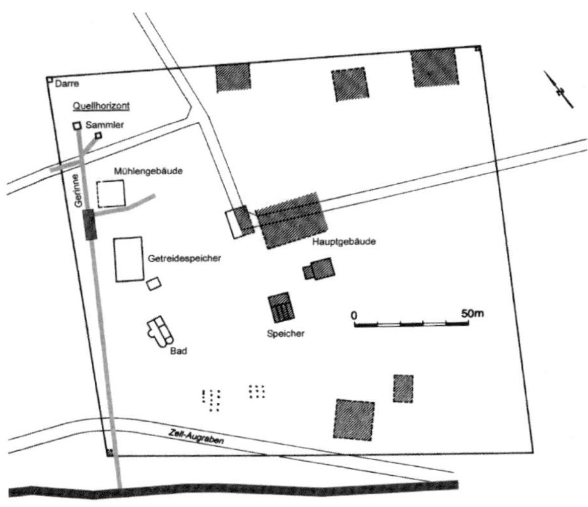

Abb. 81: Etting, Lkr. Eichstätt, Größere Villa rustica mit Wassermühle (Mühlkanal und Staubecken). Nach Hüssen/Litzel.

stadt (Abb. 81). Immerhin lag diese auf einer der größten Villen im ganzen Limeshinterland. Ansonsten muss man nach den neuesten Forschungen von W. Czysz in Bayern mit Wassermühlen eher im Rahmen eines selbstständigen Gewerbes und zur Versorgung größerer Siedlungen, wie Vici und Militärlager, rechnen. Dabei gab es vielleicht auch Schiffsmühlen. Dies legt jedenfalls ein Weihestein aus Günzburg nahe, der von den Müllern *(molinarii)* dem Flussgott der Donau (Danuvius) geweiht worden ist (Abb. 79). Vielleicht lagen diese Mühlen auch an kleineren Gewässern vor der Einmündung in die Donau, welche bei Hochwasser den Müllern großen Ärger bereiten konnte und die man mit Opfern gnädig stimmen wollte.

Gärten

Gelegentlich fanden sich im römischen Bayern, aber auch in Baden-Württemberg oder dem Rheinland innerhalb der Umfassungsmauern weitere durch Steinmauern, Holzzäune oder Pflanzgräben von Hecken abgeteilte Bereiche. Zusammen mit detaillierteren botanischen Untersuchungen im Rheinland kann man hier Obst-, Gemüse- und Kräutergärten annehmen. Auch Hühnerhofe sind belegbar. Oft gehört zum Garten auch ein Teich für Wasservögel, wie Gänse und Enten. Am Beispiel der Villa rustica von Burgweinting wurden solche Gartenanlagen frei rekonstruiert (Abb. 83).

Heiligtümer

In den Hauptgebäuden kann man von Hausheiligtümern (Lararien) ausgehen, die durch zahlreiche aus Villen stammende Götterstatuetten aus Buntmetall belegt werden (Abb. 82). Im Hof selbst ist, abhängig von der persönlichen Frömmigkeit der Bewohner, die Spanne vom einfachen Weihealtar bis hin zu regulären Tempelbauten möglich. Die in Obergermanien auch auf Bauernhöfen so beliebten Jupitergigantensäulen sind in Raetien nur noch sehr selten vertreten; bisher sind reguläre Tempelbauten in Villen, wie der nur im Luftbild belegte gallo-römische

Abb. 82: Bronzestatuette der Venus aus Wallersdorf, Lkr. Dingolfing-Landau. Nach Garbsch.

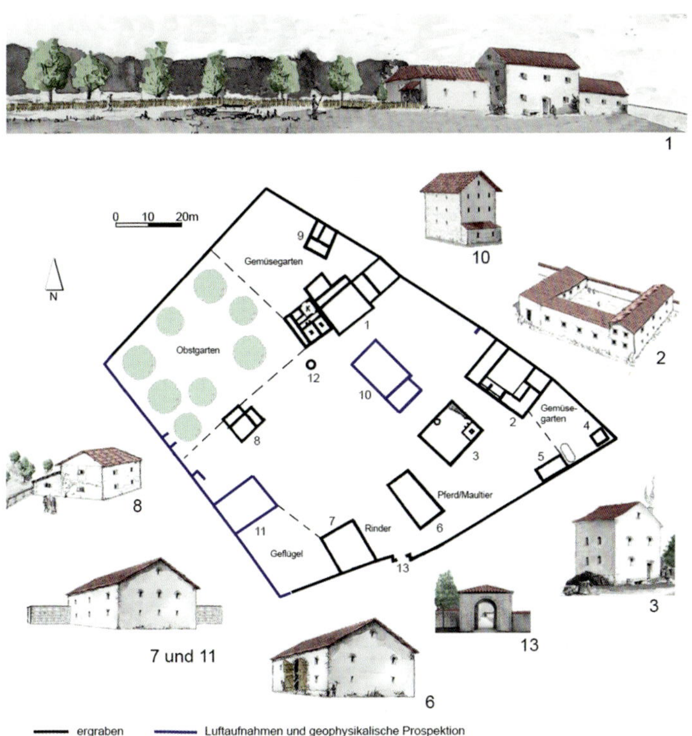

Abb. 83: Burgweiting, Stadt Regensburg, Rekonstruktion der Villa rustica mit Gartenanlagen:1 Hauptgebäude mit Bad, 2 Wohngebäude mit Innenhof, 3 Getreidespeicher mit Darre, 4, 5 Kleine Schuppen, 6 Stall für Pferde und Maultiere, 7 Stall für Rinder, 8 evtl. Sattelkammer 9 Schuppen, 10 Speicher, 11 Scheune, 12 Steinbrunnen, 13 Tor. Entwurf: Th. Fischer, Ausführung: R. Röhrl.

Umgangstempel in der Villa von Adelschlag (Lkr. Eichstätt; Abb. 84), nur vereinzelt nachgewiesen worden.

Einen einmaligen Befund stellt die Opfergrube aus der Mitte des 3. Jhs. n. Chr. auf dem Gelände der Villa von Marktoberdorf-Kohlhunden (Abb. 85) im Allgäu dar. In einer kaum knietiefen Grube hatte man 30 vollständige, komplette Tongefäße (Abb. 86a/b; 87a–c), zumeist aus Terra Sigillata, und zwei Glaskrüge sowie sonstige Gegenstände deponiert, darunter Schreibzeug, durchbohrte Beindreiecke für die Brettchenweberei, zwei Schweinerippen. Einige Gefäße, nämlich fünf vollständige Ku-

Abb. 84: Luftbild der Villa von Adelschlag, Lkr. Eichstätt. In der Mitte rechts gallorömischer Umgangstempel. Nach Schaflitzl.

Abb. 85: Marktoberdorf-Kohlhunden, Villa rustica mit Opferdepot. Nach Czysz/Faber.

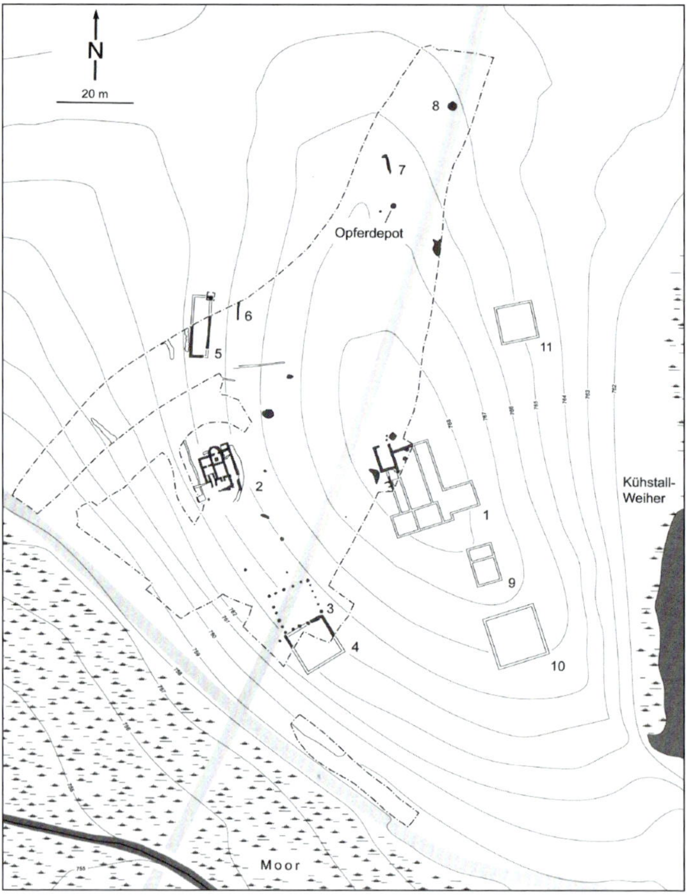

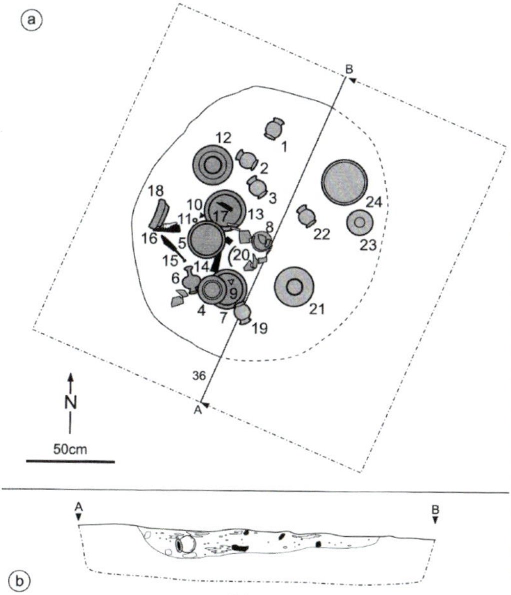

86a

86b

Abb. 86a/b: Marktoberdorf-Kohlhunden: a) Planzeichnung des Opferdepots; b) Sigillata-Krug mit Weißbarbotinedekor aus dem Opferdepot. Nach Czysz/Faber.

Abb. 87: Marktoberdorf-Kohlhunden: a–c) Sigillata-Gefäße aus dem Opferdepot. Nach Czysz/Faber.

gelbecher (Abb. 87a–c), trugen Ritzinschriften, etwa mit Weihungen an den siegreichen Herkules *(Hercules Victor)* oder die Mitteilung, dass ein gewisser Duccus sein Gelübde erfüllt habe *(Dvcvus Votvm solvit)*. Hier wurde, wohl im Rahmen eines Kultmales, den Göttern, allen voran Hercules Victor, mit der Bitte um Beistand in unsicher Zeit geopfert. Da die Villa nicht komplett freigelegt werden konnte, bleibt es auch unklar, ob das Opfer bei einem Heiligtum oder in freiem Gelände deponiert worden ist.

Wasserversorgung

Bei der Auswahl des Platzes einer villa rustica spielte die Frage einer günstigen Wasserversorgung eine gewichtige Rolle. Die Hanglage mit Einbeziehung des Talgrundes ermöglichte oft sogar, verschiedene Arten von Wasser zu nutzen: den Bach des Tales, den man in das umfriedete Hofareal einbezog, für Brauchwasser und für die Viehtränke, eine Quelle, die am Hang austrat, als Trinkwasser und für das Bad. Selbsterklärend ist hier der mittelalterlich-neuzeitliche Flurname „An der Brunnstube" für eine Villa im Bereich der Stadt Regensburg. Solch eine Quelle kann auch mit einer Wasserleitung kombiniert einen Laufbrunnen speisen, wie z. B. die schöne Brunnenmaske mit dem Gesicht des Okeanos aus der Villa von Treuchtlingen-Schambach

Abb. 88: Treuchtlingen-Schambach, Lkr. Weißenburg-Gunzenhausen. Villa rustica. Brunnenmaske in Form des Okeanos aus Bronze mit Silbereinlagen. Nach Garbsch.

(Lkr. Weißenburg-Gunzenhausen; Abb. 88) belegt. Auch Brunnen waren oft zusätzlich vorhanden. Als Beispiele für eine solche mehrfache Wasserversorgung durch Fließwasser, Quellen und Brunnen seien hier Harting, Stadt Regensburg (Bach und zwei Brunnen), und Fünfstetten, Biberhof (Bach und Quelle) genannt.

Friedhöfe

Schon das älteste Gesetz Roms, das um 450 v. Chr. erlassene Zwölftafelgesetz, schrieb verbindlich vor, dass Tote niemals innerhalb von Siedlungen bestattet werden durften. Dies wurde auch im römischen Bayern noch eingehalten. Zu jeder *villa rustica* gehörte mindestens ein eigenes Gräberfeld außerhalb des engeren Siedlungsbereiches, in dem die Bewohner beigesetzt wurden. Im 1.–3. Jh. geschah dies zumeist in Brandgräbern, ab dem fortgeschrittenen 3. Jh. kam die Sitte der Bestattung überwiegend in Körpergräbern auf, die sich bis zum Ende der Römerherrschaft und darüber hinaus erhalten hat. Oft sind auf Villen mehrere Nekropolen nachgewiesen. Hierfür gibt es verschiedene Gründe, etwa Grablegen für die Besitzerfamilie und separiert für das Gesinde oder ein Besitzerwechsel, der mit der Gründung eines neuen Familienfriedhofes einherging. Die Bestattungen waren, soweit es sich die Verstorbenen und deren Nachkommen leisten konnten und wollten, architektonisch gestaltet. Dabei konnte die Kennzeichnung der Gräber den finanziellen Möglichkeiten und der sozialen Stellung entsprechend sehr unterschiedlich ausfallen: Es gab einfache Hinweise auf Bestattungen durch Erdhügel, markiert durch Holzbretter oder Pfähle, die heute nur noch selten nachweisbar sind. Das Spektrum von steinernen Grabmarkierungen reicht von einfachen Stelen bis hin zu aufwendigen Grabbauten. Oft setzte man Familien auf einem hierfür reservierten Areal innerhalb der Nekropole bei, sichtbar abgegrenzt von der Umgebung mittels einer Steinmauer, eines Zaunes, einer Hecke oder ähnlichem. Im Umkreis von ländlichen Einzelsiedlungen zeigen die Gräberfelder und Grabbezirke, welche auch hier oberirdisch sehr aufwendig gestaltet sein konnten, zumeist den Bezug zu der an der Villa vorbeiführenden Hauptstraße.

Die meisten Gräber wiesen Beigaben auf. Dazu gehören Speisen und Getränke – zumeist samt dazugehörigem Geschirr –, seltener Werkzeuge und Geräte sowie Trachtbestandteile, wie Fibeln oder Militärgürtel. Lampen sollten den Toten in der ewigen Finsternis Licht spenden; Münzen waren wohl als Fährgeld

Abb. 89: Wehringen, Lkr. Augsburg, Beigaben aus Brandgrab 3: zwei Klappdreifüße aus Bronze für Handwaschbecken (oder hölzerne Tischplatten), Bronzegefäße, Glasgefäße (darunter die Urne für den Leichenbrand mit Bleideckel), ein Steinmörser mit Stößel und Deckel, Öllampe aus Ton, Tongefäße, drei Schaber (strigiles). Nach Nuber.

gedacht, mit welchem die Verstorbenen Charon, dem Fährmann über den Unterweltsstrom, seine Bemühungen zu vergelten hatten. Zu den Überresten der Begräbnisfeierlichkeiten gehören bei Brandbestattungen Salbgefäße (Balsamarien), deren Inhalt vor, während oder nach der Kremation über die sterblichen Überreste verteilt wurde, oder das zumeist zerbrochene Geschirr, welches die Hinterbliebenen bei der Totenmahlzeit verwendet hatten. Da z.B. die Beigabe von Lampen und Münzen als eine aus dem Mittelmeerraum eingeführte Sitte gilt, ist ihr mehr oder weniger häufiges Vorkommen in Gräberfeldern der Nordwestprovinzen ein Anzeiger dafür, bis zu welchem Grad die zugehörige Bevölkerung romanisiert war. Überdimensional reiche Beigaben, wie die in Gallien vorkommenden großen Sätze an Bronzegefäßen und Keramik, sind im römischen Bayern eine seltene Ausnahme (Abb. 89). Zu den reichsten Gräbern in den Provinzen an Rhein und oberer Donau überhaupt gehören die Gräber von Wehringen, in denen wahrscheinlich Angehörige der städtischen Oberschicht Augsburgs inmitten ihres Landbesitzes beigesetzt

Abb. 90: Wehringen, Lkr. Augsburg, Dekorierter Steinblock von der Einfassung eines Großgrabhügels. In sekundärer Verwendung aus der Dorfkirche geborgen. Nach Nuber.

waren. Dort fand sich in Gräbern einer Familie, die wohl der städtischen Oberschicht zuzurechnen ist, sogar purpurgefärbte chinesische Seide. Auch der Leibarzt der Familie fand seine letzte Ruhe in dieser Nekropole. Reste der zugehörigen Grabmonumente sind bekannt: Sie bestanden aus mächtigen Grabhügeln, von deren reich verzierten Umfassungsmauern einige Quader in sekundärer Verwendung in der Kirche des Ortes verbaut wieder aufgefunden wurden (Abb. 90).

Zu den besser erforschten Gräberfeldern in Bayern, die nachweislich zu *villae rusticae* gehörten, sind hier als Beispiele die Friedhöfe von Ergolding (Lkr. Landhut), Günzenhausen (Lkr. Freising), Kirchheim (Lkr. München), Wessling (Lkr. Starnberg) und Taimering (Lkr. Regensburg) zu nennen. Von den steinernen Grabmonumenten, deren Spannweite nach mediterranem Vorbild auch auf dem Lande vom einfachen Grabstein bis hin zum prächtigen Mausoleum oder Pfeilergrabmal reichte, ist wenig geblieben und fast nichts mehr am ursprünglichen Ort, denn die Steinquader römischer Grabbauten waren in nachrömischer Zeit ein beliebtes Baumaterial.

LANDWIRTSCHAFTLICHE PRODUKTION UND IHRE ABNEHMER

Zur landwirtschaftlichen Produktion

Es ist davon auszugehen, dass die Römer in Bayern die landwirtschaftliche Produktivität im Vergleich zu den vorrömischen Verhältnissen wesentlich erhöht haben. Am Besten nachweisbar ist dies anhand von Untersuchungen an Tierknochen bei der Viehzucht. Auch die Neueinführung von Obst- und Gartenbau in Gebieten, wo diese vorher praktisch unbekannt waren, stellt einen erheblichen Fortschritt dar. Neu – zumindest in größerem Umfang – scheint auch die Wiesenwirtschaft zur Gewinnung von Heu als Tierfutter zu sein. Für kompliziertere Anbaupraktiken, wie Fruchtwechsel und Düngung, fallen tragfähige archäologische Belege naturgemäß schwer. Ackerbau *„alternis annis"* und der Gebrauch von Stalldünger oder die Bodenverbesserung durch Auftrag von Kalk und Kalkmergel auf den Feldern sind aber literarisch belegt, wenn auch nicht konkret für Bayern. Ob gar der Anbau von stickstoffbindenden Pflanzen als Gründünger betrieben worden ist, ist nicht bekannt, aber theoretisch möglich. Auch Garten- und Sammelwirtschaft kann man voraussetzen, denn Nüsse, Obst und Gemüse, Salat und Kräuter aus den Gärten der Villen waren gut verkäuflich, ebenso Eier und Geflügel sowie Käse. Das saisonale Sammeln von Pilzen und Beeren dürfte ebenso gutes Geld gebracht haben wie Wachs und Honig aus der Imkerei.

Abnehmer

Für einige Regionen im Limeshinterland, etwa die Wetterau oder die ostbayerische Donaugrenze, existieren theoretische Berechnungen, die belegen, dass die Landwirtschaft in diesen Regionen durchaus in der Lage war, das Militär an der Grenze mit Getreide zu versorgen. Für Ostbayern hat G. Moosbauer Berechnungen bzw. Schätzungen zu dieser Problematik angestellt: Für die Mitte des 2. Jhs. n. Chr. nimmt er für die ostraetische Donaugrenze zwischen Eining und Passau ca. 5100 stationierte Soldaten an. Deren Jahresration an Getreide berechnet er mit 1600 t. Für die Zivilbevölkerung der Garnisonsorte berechnet er ca. 10200 Menschen, dazu kommt Futtergetreide für Pferde und

Zugtiere – insgesamt ca. 5000 t Getreide pro Jahr, das die Landbevölkerung im Hinterland über ihren Eigenbedarf hinaus produzieren musste. Ein durchschnittlicher Gutshof von ca. 100 ha Nutzfläche dürfte pro Jahr eine Überschussproduktion von ca. 50 t Getreide erwirtschaftet haben. Folglich waren mindestens 200 Gutshöfe nötig, um die Truppen und die nicht in der Landwirtschaft tätige Zivilbevölkerung zu ernähren. Rechnet man die bekannten und zu vermutenden Gutshöfe in diesem Grenzabschnitt hoch, so wird diese Zahl ohne Probleme erreicht; auch der Zuwachs an Bevölkerung in *Reginum* / Regensburg, wo ab ca. 180 n. Chr. die Stationierung der 3. Italischen Legion mit ihren ca. 6500 Man plus ca. 13000 Zivilisten die vorherige Anzahl von Soldaten und Zivilisten von ca. 3000 Personen ersetzt, wird von der Menge der bekannten und noch zu erwartenden Anzahl von Villae rusticae aufgefangen. Doch nicht nur Getreide musste in größerer Menge produziert werden: Auch Heu für Reit- und Zugtiere stellten sicherlich ein bedeutendes militärisches Nachschubgut dar, das auf den Villen erzeugt wurde. Es gibt allerdings im Rheinland oder in Obergermanien auch Belege für eine vom Militär selber betriebene Weide- und Wiesenwirtschaft. Die Lieferungen der Bauern wurden sicherlich mit Bargeld vergolten, welches wiederum durch die Einkäufe der Landbevölkerung zu einem guten Teil der örtlichen Wirtschaft zugutekam.

Landwirtschaftliches Gerät

Mit der römischen Okkupation kommen wesentlich verbesserte Techniken des Land- und Gartenbaus in die Nordwestprovinzen. Dies ist mit einer Vermehrung und Verbesserung der Agrargerätetypen verbunden, die teils auf keltische, teils auf mediterran-römische Einflüsse zurückgehen. Am Ende der Antike leitet die Verschmelzung mit germanischen Gerätetraditionen zum Landbau des Mittelalters über. Von den vielfältigen Geräten haben sich zumeist nur die Eisenteile erhalten; Holz, Leder, Korbgeflechte und Seile als Bestandteile von Geräten sind in der Regel nicht erhalten. Der Fundanfall eiserner Agrargeräte dieser Gruppen ist recht unregelmäßig verteilt und wird durch Zeiten der Unruhe bestimmt, denn normalerweise hat man das kostbare Metall nicht weggeworfen, sondern umgeschmiedet und wiederverwendet. So stammen die weitaus meisten Agrargeräte in Bayern aus Materialdepots des 3. und 4. Jhs., wo man das kostbare Material vor plündernden Germanen versteckt hat. Nicht immer kamen die Besitzer dazu, es wieder zu bergen. Solche

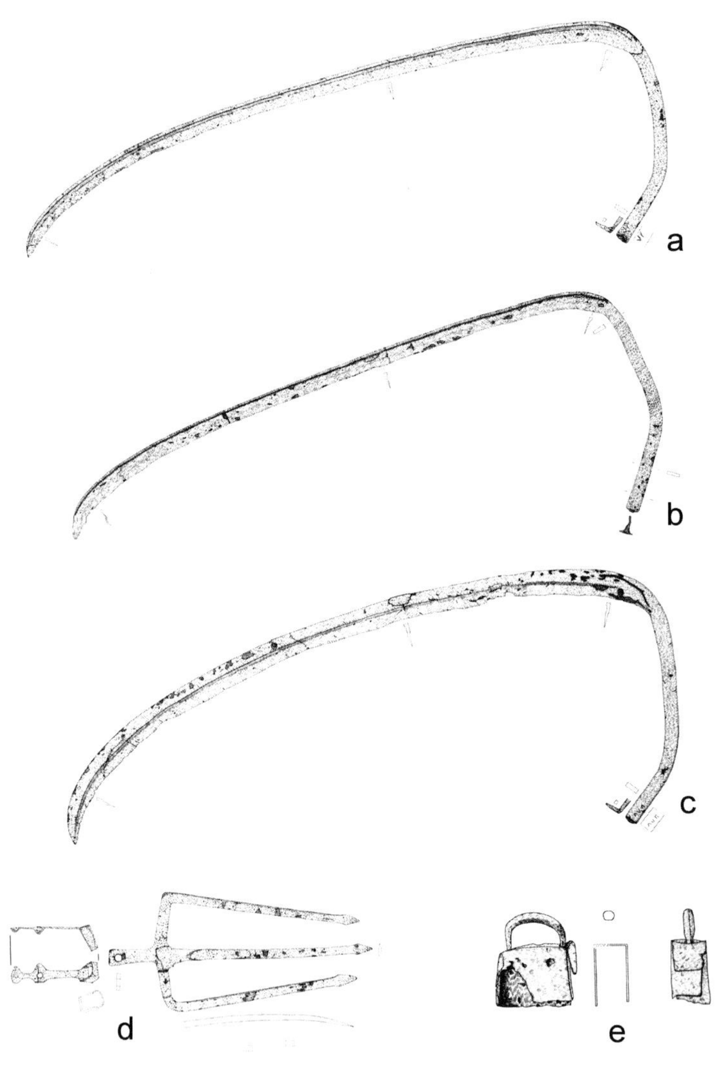

Abb. 91: Harting, Stadt Regensburg. Teile eines Depots aus einem Brunnen der Villa rustica: a–c) lange Eisensensen; d) eiserne Grabgabel; e) eiserne Viehgkocke. Auch das eiserne Fenstergitter Abb. 30b gehört dazu. Nach Schnetz.

Abb. 92: Ochsengespann vor Räderpflug mit eiserner Pflugschar und eisernem Vorschneidemesser (Sech). Umzeichnung einer mittelalterlichen Miniatur nach Czysz.

Metalldepots fanden sich z. B. in Oberndorf am Lech in den Ruinen eines Kellers oder in einem Brunnen von Regensburg-Harting. Letzterer umfasste an eisernen Agrargeräten lange Sensen (Abb. 91a–c), eine Grabgabel (Abb. 91d), eine Schafschere und eine eiserne Viehglocke (Abb. 91e).

Die Römer brachten eine fortschrittlichere Pflugtechnik mit, die sich dann in der Spätantike bis hin zum Wendepflug entwickelte. Allerdings arbeitete man nur mit Pflugochsen; die Zugkraft des Pferdes konnte man noch nicht nutzen, weil das Kummet zur Anschirrung noch nicht erfunden war. Es gab sicherlich noch einfache Hakenpflüge. Metallbestandteile, wie Pflugschar, Vorschneidemesser und Wiedeketten, weisen auch auf etwas kompliziertere Pflüge mit Rädern hin, die wahrscheinlich von Plinius als „raetischer Pflug" überliefert wurden (Abb. 92).

Zahlreiche Geräte für Bodenbearbeitung und Ernte haben sich oft bis zur Neuzeit kaum fortentwickelt, da sie bereits in der Römerzeit eine zweckmäßige Endform erreicht hatten. Die großen Sensen dienten allerdings nur zum Grasschnitt. Zur Getreideernte setzte man – bis weit in die Neuzeit hinein – nur Sicheln ein. Zu den wichtigsten Agrargeräten, die sich im Fundgut widerspiegeln, zählen Pflüge bzw. Pflugteile – Pflugschar, Vorschneidemesser (Sech), Pflugkette –, Eggen, Spaten, Schaufeln, Grabgabeln, verschiedene Hacken, Heu- und Mistgabeln, Sicheln, Sensen und Schafscheren. Dreschgeräte, wie Worfschaufeln, Schwingen oder Dreschsparren, sowie Erntemaschinen sind kaum in Realien, wohl aber über die antike Literatur oder über Bildquellen (Grabreliefs) zu erschließen.

Dem Garten- und Obstbau dienen neben Spaten, Schaufeln, Hacken, Grab- und Mistgabeln zusätzlich Hippen sowie Garten- und Ausputzmesser; für den Weinbau sind Rebmesser bekannt.

Pflanzenbau

In den letzten Jahrzehnten haben die archäobotanische Erforschung pflanzlicher Reste (Großreste und Pollen) und ihre Auswertung große Fortschritte gemacht. Gerade aus Funden römischer Villen wurde hier durch sorgfältigere Grabungsmethoden eine ganze Reihe von Nutzpflanzen geborgen und identifiziert. Dabei zeichnen sich inzwischen durchaus auch regionale Unterschiede, etwa zwischen Nordgallien und dem Rheinland sowie zum römischen Bayern, ab.

Ackerbau und Wiesenwirtschaft

Im Gegensatz zu Gallien und dem Rheinland, wo in der Römerzeit aus dem Mittelmeerraum importierte Weizensorten dominierten, hat man in Süddeutschland neben Saatweizen robustere Getreidearten bevorzugt, die z. T. schon in vorrömischer Zeit kultiviert worden sind und auch flexibler auf Klimaschwankungen reagierten. Es gab Roggen, Gerste, Emmer, Einkorn und Dinkel (Abb. 93). Auch Rispenhirse ist nachgewiesen. An Hülsenfrüchten baute man Erbsen, Linsen und Kichererbsen an. An Bohnen kannte man in der Antike nur die Feldbohne, auch als Saubohne, Dicke Bohne oder Puffbohne bekannt. Alle anderen heute bekannten Bohnensorten kamen erst nach der Entdeckung Amerikas nach Europa. Weitere angebaute Pflanzen waren Wicke, Leindotter, Hanf, Flachs und Mohn als Öl- und Faserpflanzen.

Abb. 93: Ähren von Getreidesorten, die schon in der Römerzeit in Bayern angebaut worden sind, v. l. n. r.: Spelzgerste, Saatweizen, Dinkel, Emmer, Einkorn, Roggen. Nach Stika.

Neu war auch die vermehrte und systematisch betriebene Wiesenwirtschaft zur Gewinnung von Heu als Tierfutter. Sie kann in ihrer Bedeutung auch für das Militär kaum überschätzt werden. Neben botanischen Analysen wird sie durch das häufige Vorkommen großer Sensen in den Villen belegt, denn diese dienten in der Antike ausnahmslos zum Grasschnitt. Getreide aber wurde bis in die frühe Neuzeit hinein mit Sicheln geerntet.

Obst- und Gartenbau

Mit der Ankunft der Römer kam in der Landwirtschaft etwas wirklich Neues aus dem Mittelmeerraum in die Gebiete nördlich der Alpen: der Obst- und Gartenbau als intensiver Anbau von Obst, Gemüse sowie von Würz- und Heilkräutern, die vorher nur als Wildformen gesammelt worden waren. Für Obst- und Gartenbau ist eine Fülle spezieller Geräte belegt (s. S. 130). Die Römer brachten an Obst neu oder als veredelte Sorten Äpfel, Birnen, Kirschen, Pflaumen, Pfirsiche, Esskastanien, Walnüsse und Melonen mit. Als Gemüse baute man nun Salat, Zwiebeln, Lauch, Knoblauch, Sellerie, Mangold, Kohl, Gurke, Rettich und Feldsalat an. Auch Gewürze, wie Dill, Koriander, Bohnenkraut, Kümmel, Kreuzkümmel, Fenchel, Zitronenmelisse, Basilikum, Majoran, Wacholder, Petersilie und Anis, sind erst seit der Römerzeit angebaut worden, und der als Wildform nördlich der Alpen längst vorhandene Wein wurde nun auch hier kultiviert. Er ist allerdings in Deutschland bisher nur in der Pfalz oder an der Mosel nachgewiesen, nicht in Bayern.

Tierhaltung

Die Nutz- und Wildtiere des römischen Bayern sind anhand der wissenschaftlichen Untersuchung von Tierknochen gut zu überblicken, die v. a. an der Universität München eine lange Tradition hat. Bereits Kelten und Germanen besaßen eine gut entwickelte Haustierhaltung. Rind, Schwein, Schaf und Pferd sind durch bei archäologischen Ausgrabungen in Siedlungen der jüngeren Latènezeit zutage gekommene Tierknochen vielfach nachgewiesen. Auch Ziegen, Hühner, Gänse und Hunde zählten zum Artenbestand der einheimischen Viehzucht. Die vorrömischen Rinder und Pferde gehörten kleinwüchsigen Landrassen an. Erst durch die römische Eroberung der Nordwestprovinzen kamen neue und größere Nutztiere ins Land. In erster Linie handelte es sich um Maultier, Esel und Hauskatze. Bei Pferden und Rindern lässt sich während der Römischen Kaiserzeit anhand gefundener Tier-

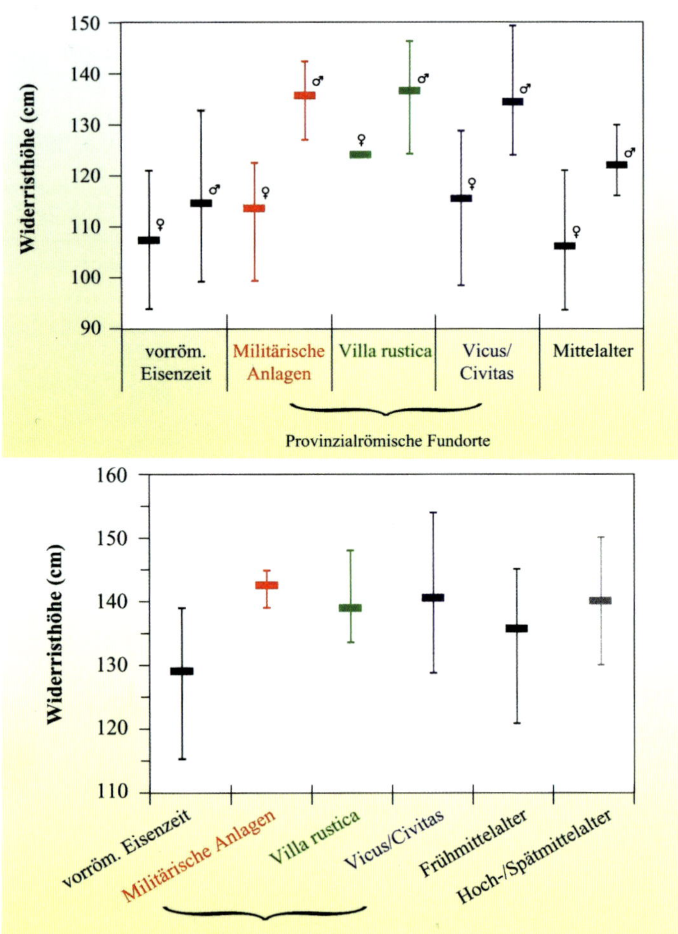

Abb. 94: Entwicklung der Rinder (o.) und der Pferde (u.) von der vorrömischen Zeit über die Römerzeit bis ins Mittelter. Nach Stephan.

knochen eine Zunahme der Größe nachweisen, die auf gezielte Zuchtbemühungen zurückgeht (Abb. 94). Im frühen Mittelalter geht deren Größe dann wieder zurück.

Bei den Tierknochen aus Villen dominieren die Rinder (Abb. 95). Abnützungserscheinungen an den Gelenkknochen zeigen, dass diese v. a. schwere Arbeit als Zug- und Pflugochsen verrichten mussten. Pferde treten dagegen zahlenmäßig stark zurück, sie wurden wohl eher als Reittiere genutzt. Die Erfindung des Kummets im Mittelalter rief eine wahre Revolution der landwirtschaftlichen Produktivität hervor, weil man nun mit Pferden viel schneller pflügen und auch schwerere Lastwagen einsetzen konnte. Für Reisewägen hat man Maultiere bevorzugt. Ansonsten gab es an Haustieren auf römischen Villen Schweine, Schafe und Ziegen. Auch Gänse, Enten, Hühner, Tauben, Hauskatzen und Hunde sind nachgewiesen, wobei die Geflügelhaltung gegenüber der vorrömischen Zeit erheblich intensiviert worden ist. Frischmilch von Kühen spielte kaum eine Rolle – Milch, die zumeist zu Käse verarbeitet wurde, lieferten Ziegen und Schafe; Letztere dienten natürlich auch der Wollgewinnung. Für die Ernährung von Rindern, Schweinen („Eichelmast"), Schafen und Ziegen spielte sicherlich in der Römerzeit, wie noch bis in die frühe Neuzeit hinein, die Waldweide eine große Rolle. Indirekte Belege für Tierzucht und Verwertung tierischer Produkte sind Viehglocken aus Bronze und Eisen sowie Tonformen zur Käseherstellung.

Abb. 95: Stier aus dem Mosaik von Westerhofen, Kr. Eichstätt. Nach Garbsch.

Abb. 96: Pfau aus der Wandmalerei des Bades von Schwangau. Nach Krahe/Zahlhaas.

Bisher fehlen direkte Belege für Bienenzucht im römischen Bayern, die aber sicherlich vorauszusetzen ist. Zumindest kennen wir entsprechend beschriftete Honigtöpfe. Andere durch die Römer mitgebrachte, neu hinzugekommene Tiere, wie Pfau (Abb. 96), Jagdfasan und Schoßhünchen, fanden sich als reine Luxustiere v. a. in größeren Villen. Großen Hirtenhunden, die auch ihre Herden gegen Wölfe verteidigen mussten, legte man eiserne Stachelhalsbänder an.

Jagd und Fischfang

Abb. 97: Hetzjagd mit Hunden auf einen Rothirsch aus dem Mosaik von Westerhofen, Kr. Eichstätt. Nach Garbsch.

Jagd und Fischfang sind durch Jagdwaffen, Angelhaken, Netzsenker und Tierknochen in ländlichen Siedlungen gut nachweisbar. Jagdszenen stellen auch ein beliebtes Motiv auf Mosaikböden größerer Villen dar. Neben dem Nervenkitzel und dem Vergnügen der Villenbesitzer spielte sicherlich auch die Notwendigkeit der Schutzjagd eine Rolle, denn wenn die Bestände an Wild, v. a. an Rotwild (Abb. 97) und Wildschweinen, überhandnahmen, kam es zu spürbarer Schädigung der landwirtschaftlich genutzten Kulturlandschaft. Diese Schäden in Forst- und Landwirtschaft kann man auch heute noch nur durch Jagd abmildern oder verhindern. In der Römerzeit war die Jagd grundsätzlich frei und durfte von jedermann ausgeübt werden, auch in Fluren, Wäldern und Gewässern auf privatem Grund. Im Gegensatz zum späteren Mittelalter gab es also in der Römerzeit für das Jagdrecht keine Einschränkungen. Dies dürfte aber für Wildgehege, etwa von privaten Großgrundbesitzern, nicht zugetroffen haben. Auch Schutzbestimmungen für Jagdtiere, etwa in bestimmten Jahreszeiten und um den Bestand zu erhalten, hat es nicht gegeben. Neben Fischern hat es auch Berufsjäger gegeben. Sie dürften ihr Gewerbe weniger selbständig, als vielmehr im Auftrag von Grundbesitzern betrieben haben. Häufig wurden v. a. Sklaven und Freigelassene als Jäger ernannt, die so die landwirtschaftlich genutzten Areale schützen sollten. Als Ernährungsgrundlage scheint die Jagd in der römischen Kaiserzeit allerdings gegenüber der Haustierzucht keine allzu große Rolle gespielt zu haben. Dies belegt jedenfalls der regelhaft geringe Anteil an Jagdtierknochen gegenüber den Überresten von Haustieren in römischen Siedlungen (weit unter 10%).

Zu den Jägern, die Tiere töteten, kamen in der römischen Kaiserzeit noch Tierfänger hinzu, die wilde Tiere, wie Bären, Auerochsen oder auch Hirsche, für die Tierhetzen in der Arena einfingen. Jäger und Tierfänger hatten, wie z. B. zahlreiche Weiheinschriften belegen, auch eigene Schutzgottheiten, so die Jagdgöttin Diana oder den Waldgott Silvanus.

Bei archäologischem Fundmaterial ist es sehr schwer, Waffen des Militärs und Jagdwaffen auseinanderzuhalten. Als reine Zweckformen lassen sie sich nicht klar unterscheiden, jedenfalls in den eisernen Bestandteilen, die uns die archäologische Überlieferung in der Regel bietet. Bei solchen Funden in Villae rusticae wird man in der Regel eher von Jagdwaffen ausgehen, doch gibt es dort auch immer wieder reine militärische Waffenteile, so dass man nie ganz sicher sein kann. Eine Ausnahme bilden die spätantiken Saufedern mit ihren Aufhaltern, die in ganz ähnlicher Form heute noch zur Eberjagd eingesetzt werden. Sie kämen – nach mittelalterlichen Parallelen – auch zur Bärenjagd in Betracht. Allerdings hat man anscheinend in der römischen Kaiserzeit Bären für die Arena eher lebend gefangen (s. S. 138). Eine besondere Form der Jagdwaffe war die Jagdarmbrust, die bezeichnenderweise bildlich auf repräsentativen Grabmälern der gallischen Oberschicht aus dem 2./3. Jh. n. Chr. überliefert worden ist. Von Netzen und Schlingen unterschiedlicher Art gibt es ebenfalls Darstellungen bzw. die Erwähnung in der Literatur. Von Abbildungen ist auch ein bumerangähnliches Wurfholz (Lagobolon) bekannt, das anscheinend v. a. zur Hasenjagd diente.

Wichtig für die Jagd waren geeignete Pferde, die wichtigste Rolle aber spielten die Jagdhunde. Von diesen, so berichten die Schriftquellen, gab es 20 Rassen in verschiedenen Größen, je nachdem, welche Tiere gejagt werden sollten. Sie sind aber auch über Bildquellen und Knochenfunde belegbar, wobei die schriftlich überlieferten Hunderassen kaum mit den auf Bildquellen, geschweige denn über Knochenfunde erhaltenen in Einklang zu bringen sind.

Aus zahlreichen Text- und Bildquellen sind Hetzjagden zu Pferde mit und ohne Hunde erwähnt. Etwas einfacher wurde die Sache, wenn man das Wild in künstlichen Gehegen konzentrierte. Auch Treibjagden, auf denen häufig das Wild in Netze gejagt wurde, sind dargestellt, etwa auf nordafrikanischen Mosaiken. Auch Lockhirsche wurden dabei eingesetzt. Auf Vogeljagd ging man mit Leimruten, Pfeil, Bogen und Netzen. Auch die Vogeljagd mit Lockvögeln war anscheinend sehr beliebt. Die Vogeljagd mit Eulen als Lockvögeln ist z. B. als Reliefbild auf Trierer Terra-Sigillata-Schüsseln dargestellt.

Abb. 98: Bär aus dem Mosaik von Westerhofen, Kr. Eichstätt. Nach Garbsch.

Für die Nordwestprovinzen, also auch für das römische Bayern, sind durch Knochenfunde folgende Jagdtiere bekannt: An heute ausgestorbenen oder weitgehend ausgerotteten Großtieren jagte man Bären (Abb. 98), Wölfe, Luchse, Elche, Auerochsen, Wisente und Steinböcke. Ansonsten stellte man Jagdwild nach, das auch heute noch intensiv bejagt wird: Rothirsch, Reh, Wildschwein, Hase, Biber, Rotfuchs, Dachs, Marder, Iltis, Wildenten und -gänse.

Aus dem Rheinland ist inschriftlich der Tierfang als spezielle Form der Jagd belegt: Auf einer Weiheinschrift für den Waldgott Silvanus, die zwischen 222 und 235 n. Chr. gestiftet wurde, dankt Cessorinius Ammausius, der Bärenfänger der 30. Legion aus Xanten, für seine Jagderfolge. Anscheinend war er Berufsjäger, der die Arena des Xanteners Amphitheater zu beliefern hatte. Sein Kollege, der Centurio Q. Tarquitius Restitutus der *leg. I Minervia* aus Bonn, dankte der Jagdgöttin Diana auf einem in Köln gefundenen Weihealtar, worauf er stolz berichtet, er habe innerhalb von sechs Monaten 50 Bären gefangen. Der Stein wird in das 2. Jh. n. Chr. datiert. Solche Tierfänger kann man sich auch im römischen Bayern vorstellen, denn immerhin kennt man aus Dambach und Künzing kleinere Amphitheater; für Augsburg und Regensburg sind solche Anlagen zur Massenunterhaltung ebenfalls sehr wahrscheinlich anzunehmen. Und schließlich sind Bärenknochen auch für das römische Bayern belegt.

Zur handwerklichen Produktion

Neben der landwirtschaftlichen Produktion spielten in den römischen Villen Bayerns, wie auch in anderen römisch beherrschen Gebieten, handwerkliche Erzeugnisse eine große Rolle. Die Weiterverarbeitung von selbst erzeugten landwirtschaftlichen Produkten, wie die Erzeugung von Textilien aus Wolle und Flachs oder die Herstellung von Schinken, Würsten oder Käse, sind zwar archäologisch nicht immer leicht nachzuweisen, dürften aber doch eine wichtige Rolle gespielt haben. Auch Forstwirtschaft und Bearbeitung von Bau- und Nutzholz über den Eigenbedarf hinaus dürften zur Tätigkeit auf einer *villa rustica* gehört haben, ohne dass hier, abgesehen von Werkzeugfunden, der konkrete Nachweis zu führen wäre. Bei handwerklichen Tätigkeiten, wie bei Bauarbeiten oder dem Betrieb von Schmieden und holzverarbeitenden Werkstätten, muss man theoretisch zwei Möglichkeiten in Betracht ziehen: Handwerkliche Tätigkeiten können sich, so wie in Möckenlohe anzunehmen, auf die Errichtung von Gebäuden und deren Instandhaltung beziehen, doch auch die Herstellung und Reparatur von landwirtschaftlichem Gerät kann auf dem Hof selbst geschehen, wie dies ja auch heute noch oft der Fall ist. Anders liegen die Dinge z. B. bei Töpfereien und Ziegeleien. Hier ist über den Eigenbedarf hinaus mit einer Überschussproduktion für den Verkauf zu rechnen.

G. Moosbauer hat für Raetien handwerkliche Aktivitäten in Villen zusammengestellt. Bronzegießereien sind eher selten. Konkret wird eine solche Werkstatt in der Villa von Tittmoning, wo ein Sammelfund Metallschrott zum Einschmelzen, z. T. aus geplünderten hallstattzeitlichen Gräbern, sowie Halbfabrikate enthielt (Abb. 99). Auch Eisengewinnung, etwa aus Raseneisenerz oder Bohnerz, ist nicht oft wirklich zu belegen. Dagegen gehören Schmieden, belegt durch Werkzeug und Schmiedeschlacken, fast immer zum Inventar einer besser erschlossenen Villa. Gut archäologisch nachweisbar sind Töpfereien in Villen des römischen Bayern, die zumeist einfaches Küchengeschirr produzierten. Solche sind etwa aus Eugenbach (Lkr. Landshut), Kieling (Gde. Stephanskirchen, Lkr. Rosenheim), Taimering und Barbing (Lkr. Regensburg), Regensburg-Neuprüll sowie aus Westheim (Lkr. Augsburg) bekannt. Auch Ziegeleien sind öfters belegt, so etwa in Friedberg-Rohrbach (Lkr. Aichach-Friedberg; Abb. 100), Sittling (Stadt Neustadt, Lkr. Kelheim), Straubing-Alburg, Essenbach und Unterwattenbach (Lkr. Landshut), Balzhausen (Lkr. Günzburg) oder Bad-Abbach-Gemling (Lkr. Kelheim). In Regensburg-Neuprüll hat man Töpferei und Ziegelei gemeinsam betrieben (Abb. 101). Auch die Ausbeutung von Steinbrüchen und Schottergruben dürfte mancher Villa zusätzlichen Profit gebracht haben; der konkrete Nachweis dafür ist aber bisher nicht zu führen.

Vorsichtig muss man mit Kalköfen sein, die immer wieder auf dem Areal von Villen im römischen Bayern angetroffen worden sind: Nur wenn der dazu benötigte Kalkstein

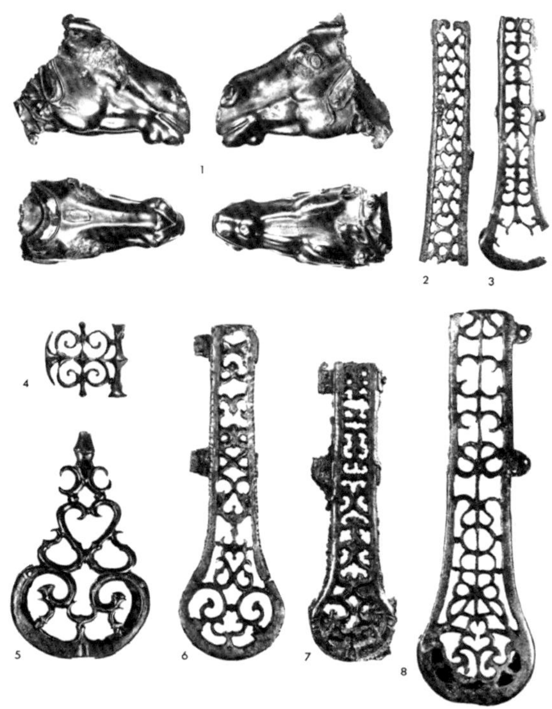

Abb. 99: Bronzeschrott aus dem Depotfund aus der Villa von Tittmoning, Lkr. Traunstein: 1) Maultierkopf von dem Beschlag (fulcrum) eines Ruhebettes (Kline); 2–8) Scheidenbeschläge („Thekenbeschläge") von Messern des Essbestecks. Nr. 7) ist ein noch nicht nach dem Guss versäubertes Halbfabrikat. Nach Keller.

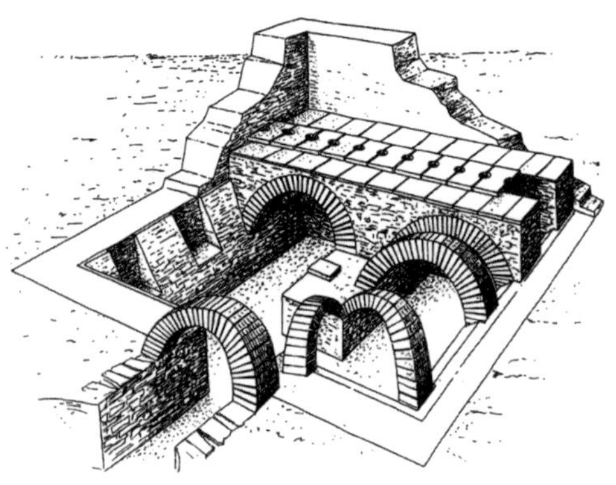

Abb. 100: Schematische Zeichnung eines spätantiken Ziegelofens aus Rohrbach-Stätzling, Stadt Friedberg. Nach Czysz.

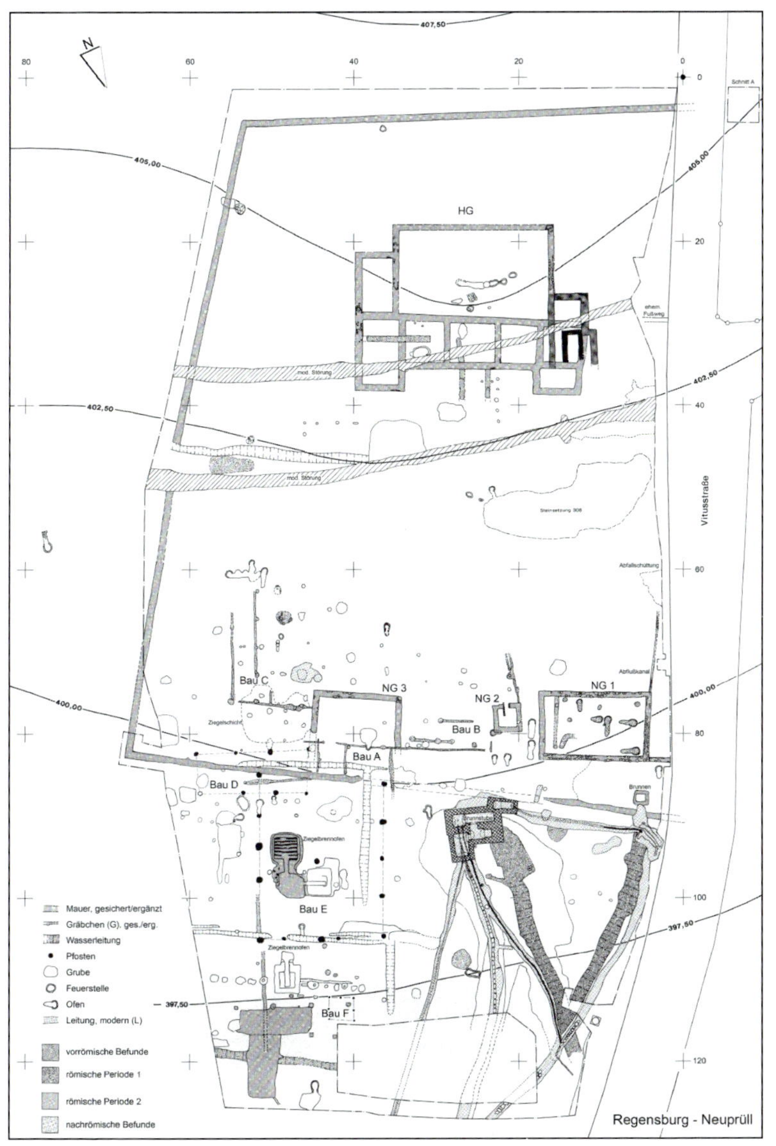

Abb. 101: Regensburg-Neuprüll, Villa rustica mit Ziegelofen und Töpferofen. Zeichnung: R. Röhrl.

wirklich im unmittelbaren Umfeld ansteht, kann man auch von römerzeitlicher Baukalkproduktion ausgehen. Da aber das Rohmaterial Kalkstein bei der Umwandlung in Baukalk ca. 50 % seines Volumens und Gewichtes verliert, ist es sinnvoller, den fertig gebrannten Kalk, auch von weiter her, zu beziehen, als totes Gewicht bei der Lieferung von Kalkstein in Kauf zu nehmen. So dürften die meisten Kalköfen auf Villen aus nachrömischer Zeit stammen, wo man die römischen Ruinen ausschlachtete und das geeignete Material zu Kalk brannte.

KLIMAWANDEL

In den letzten Jahren hat sich über Veränderungen des Klimas in der römischen Kaiserzeit eine lebhafte Diskussion entwickelt, die natürlich auch erhebliche Auswirkungen für die römerzeitliche Landwirtschaft beiderseits des Limes hatte. Ausgangspunkt waren die Forschungen von Schmidt und Gruhle. Diese haben die Unterschiede in der Ausbildung bei Jahresringen von Bäumen nicht nur – wie schon länger mit gutem Erfolg praktiziert – zur Datierung der Hölzer verwendet, sondern sie durch neue statistische Auswertungsmethoden zur Rekonstruktion des Klimas genutzt. Besonders im Hinblick auf die Ursachen für die sog. „Reichskrise" des 3. Jhs. n. Chr. haben sich hier signifikante Ergebnisse abgezeichnet, die man nicht mehr ignorieren kann:

Schmidt/Gruhle haben gezeigt, dass die Periode von der Zeit um Christi Geburt bis ca. 220/230 im langjährigen Klimavergleich neben der Zeit der Linearbandkeramik zu den klimatisch am meisten begünstigten Epochen der europäischen Vor- und Frühgeschichte gehörte: Das 1., 2. und frühe 3. Jh. n. Chr. bis in die Zeit um 225 n. Chr. hinein ist anscheinend in Mitteleuropa durch ein relativ stabiles und feuchtes Klima gekennzeichnet, das sicherlich für die Landwirtschaft außerordentlich förderlich war. Im 3. Jh. sind in der auf der Homogenitätskurve basierenden Klimarekonstruktion ab 220/230 auffällige Trockenphasen ablesbar, die in einem extrem kurzfristigen Wechsel um 240/250 von einem Feuchtigkeitsmaximum abgelöst werden. Dann kehrt sich die Entwicklung rasch wieder um – das Klima hatte sich also drastisch verschlechtert. In einer konsequenten Weiterentwicklung dieser Ansätze gehen Schmidt und Gruhle einen bedeutenden Schritt weiter: Sie postulieren die berechenbare Abhängigkeit der Getreideerträge von der klimatischen Entwicklung. Sollten sich diese Erkenntnisse festigen, dann ergeben sich in der Tat weitreichende Konsequenzen, denn die Auswirkungen solcher Schwankungen in der Produktion der wichtigsten Lebensmittel auf frühgeschichtliche Wirtschafts- und Sozialsysteme müssen als ganz erheblich eingeschätzt werden. Besonders in Perioden extremer Klimaverschlechterung, wenn folgerichtig ein spürbarer Ertragsrückgang beim Getreideanbau erfolgte, kann man die Auswirkungen auf die betroffenen Gesellschaften kaum überschätzen.

Zum einen können dramatische Klimaverschlechterung und daraus resultierende Rückgänge der Getreideerträge bei den in Subsistenzwirtschaft lebenden Völkerschaften des Barbarikums zu Mangelerscheinungen, Unruhen und schließlich zu räuberischen Einfällen in das römische Reich geführt haben. Das empfindliche Wirtschaftssystem im Barbarikum, das sozusagen von der Hand in den Mund lebt, reagiert dann bei Ernteausfällen wesentlich empfindlicher als das römische, v. a. wenn die Ausfälle in der ersten Hälfte des 3. Jhs. n. Chr. wirklich 15–25 % betragen haben sollten, wie Schmidt und Gruhle postulieren. Natürlich hat ein ernsthafter Ernterückgang auch in den römischen Provinzen drastische Resultate gezeitigt. Allerdings hatte man hier zunächst durch Speicherung, überregionale Verteilung und Import von Getreide einen gewissen Ausgleich schaffen können.

Nach den schriftlichen und archäologischen Quellen bringen für die Nordwestprovinzen ab 233 n. Chr. Germaneneinfälle für das obergermanisch-raetischen Limesgebiet und dessen Hinterland verheerende Einschnitte. Sollte man es vor diesem Hintergrund als reinen Zufall ansehen, wenn die Klimadaten nach Schmidt und Gruhle den Beginn eines raschen Klimawandels hin zu trockenem und kälterem Klima um 225 n. Chr. erkennen lassen? Auch das 4. und 5. Jh., also die Völkerwanderungszeit, weist ähnlich gravierende Entwicklungen in Richtung kühleres und trockeneres Klima auf. Auch hier sollten intensivere Überlegungen zur eventuellen Erklärung politisch-sozialer Phänomene als Resultate drastischer Klimaverschlechterung erfolgen.

Eine neue, von den mit naturwissenschaftlichen Argumenten u. a. von Schmidt/Gruhle für eine ab dem 2. Drittel des 3. Jhs. n. Chr. postulierte Klimaverschlechterung unabhängige Argumentation hat W. Czysz nun für das römische Bayern in die

Diskussion eingebracht: die Zunahme von Getreidedarren ab der Zeit um 200 n. Chr. und für die Spätantike. Er geht davon aus, dass Darren, die zur Entspelzung von Dinkel notwendig waren, bei anhaltender Klimaverschlechterung vermehrt auftreten, da der Dinkel nun nicht immer ausreifen konnte, sondern oft vorzeitig als Grünkern geerntet werden musste.

SPÄTANTIKE UND KONTINUITÄT

In der Spätantike ist in vielen Regionen des römischen Bayern ein Rückgang der ländlichen Besiedlung festzustellen, am Villensystem wird aber grundsätzlich festgehalten. Gelegentlich haben im Voralpenraum befestigte Höhensiedlungen das Erbe der ungeschützten Gutshöfe angetreten. All diese Entwicklungen sind klar mit krisenhaften Erscheinungen im römischen Reich ab der Mitte des 3. Jhs. n. Chr. in Verbindung zu bringen, die sich als innere Konflikte mit Bürgerkriegen, v. a. aber als militärische Schwächung gegenüber dem Barbarikum auswirken. Nun löste ein germanischer Raubzug den anderen ab und brachte v. a. der ungeschützten Landbevölkerung Tod und Verderben. Konsequenz waren der völlige Abbruch des Villensystems in von den Römern aufgegebenen Regionen, wie dem obergermanisch-raetischen Limesgebiet, ab 254 n. Chr. und ein starker Rückgang der Villen im Hinterland der spätantiken Donau-Iller-Grenze. Dort erfolgte ein Abbruch der Villenwirtschaft erst um die Mitte des 5. Jhs. Zwar ist die ländliche Besiedlung Bayerns in der Spätantike noch nicht zusammenhängend erforscht, doch lassen sich jetzt schon durchaus regionale Sonderentwicklungen feststellen: Im raetischen Donauraum ging das System der ländlichen Besiedlung durch villae rusticae ab der Mitte des 3. Jhs. und in der Spätantike stark zurück und erlosch ab der 2. Hälfte des 4. Jhs. fast völlig. Man betrieb nun Landwirtschaft nur noch im direkten Umfeld der spätantiken Festungsstädte. In den rückwärtigen Gebieten der Münchner Schotterebene, die etwas abseits der nun stets gefährdeten Grenzregionen an der Donau lagen, scheint die offene Villenbesiedlung in der Spätantike etwas dichter zu sein, doch ist hier der Forschungsstand zwiespältig: Einerseits gibt es eine Fülle von Neuentdeckungen spätantiker Holzvillen und Gräberfelder, andererseits fehlen moderne siedlungsarchäologische Untersuchungen. In Noricum dagegen erlebten gerade die Großvillen in der Spätantike oft noch eine Blütezeit, bevor sie dann in der 2. Hälfte des 5. Jhs. schlagartig endeten, als sich höchstwahrscheinlich die landbesitzende Oberschicht nach Italien zurückzog.

Mit Ausnahme der kontinuierlichen Nutzung der offenen römerzeitlich geprägten Kulturlandschaft und des römischen Wege- und Straßensystems gibt es im ländlichen Raum keine breitere Siedlungskontinuität zum frühen Mittelalter: Die Villen werden aufgegeben, ihre Ruinen ausgeplündert, es entsteht eine ganz neue Siedlungsstruktur von Dörfern und Einzelhöfen in reiner Holzarchitektur. Was neben weiten Teilen der Siedlungslandschaft weiterlebt, sind anscheinend Flurvermessungssysteme in römischen Fußmaßen, was etwa die Forschungen von G. Diepolder ergeben haben.

Was die Landwirtschaft allgemein betrifft, so ist das populäre Bild von einer Verklärung der Antike und der düsteren Darstellung des „finsteren" Mittelalters sicherlich erheblich zu korrigieren. Zwar gehen die Größen von Rindern und Pferden im frühen Mittelalter wieder zurück, was aber kein Anzeichen für grundlegenden Verfall des Niveaus der römerzeitlichen Tierzucht sein muss. Vielleicht haben andere Bewirtschaftungsformen z. B. kleinere Rassen von Zugochsen bedingt. Was von der römischen Landwirtschaft in Bayern geblieben ist, sind viele, z. T. sogar verbesserte Gerätetypen und Kulturpflanzen, freilich manchmal mit anderen Prioritäten. Neueste Forschungen haben auch ergeben, dass die Technologie der Wassermühle das Ende der Antike überlebte.

Eine wesentliche Neuerung, die nördlich der Alpen den Römern verdankt wird, wird bruchlos überliefert: Der Obst- und Gartenbau samt der Kultivierung von Würzkräutern und Heilpflanzen. Hier sind es die christlichen Klöster, die sich intensiv der Pflege dieser Tradition annehmen, und wo auch das schriftliche Erbe der Antike zumindest in Teilen überliefert worden ist. Angesichts dieses großen Interesses und der Zuneigung zur Gartenkultur bei den frommen Frauen und Männern wird es auch verständlich, dass in einer Zeit zwischen Antike und Mittelalter, in der so viele unersetzliche Werke der antiken Literatur verloren gingen, die Schriften der antiken Agrarschriftsteller anscheinend ohne größere Einschränkungen auf uns gekommen sind.

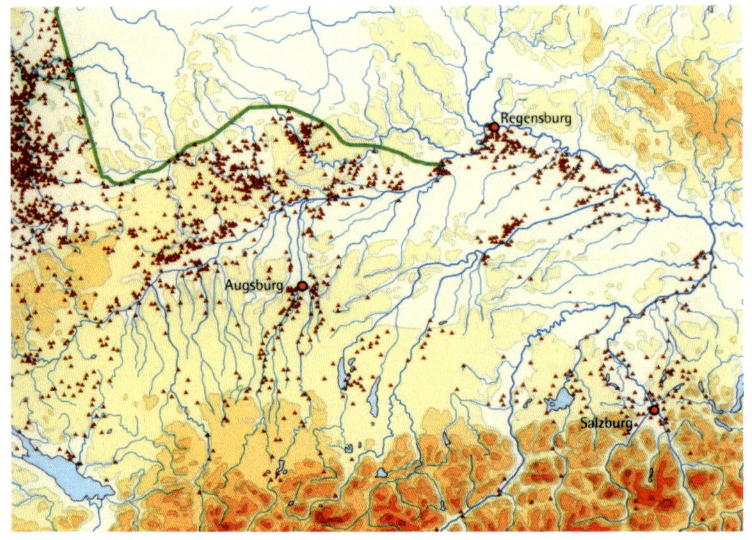

Abb. 102: Römische Villen in Raetien, dem östlichen Obergermanien und dem westlichen Noricum um 200 n. Chr. Nach Matesic/Sommer 2015, 19.

ANHANG

Zur Villa Rustica Möckenlohe

Wiederaufgebaute Villa Rustica mit Museum
Internetpräsenz:
www.roemervilla-moeckenlohe.de
Öffnungszeiten:
Palmsonntag bis Allerheiligen: Di.–Fr., 15–16 Uhr, Sa., So. und an Feiertagen 13–17 Uhr
Preise:
Erwachsene: 2,50 €; Kinder: 1,50 €; Gruppen p. P.: 2,– €; Schüler-/Studentengruppen p. P.: 1,– €
Führungen:
Dauer 1–2 Std., Preis auf Anfrage (max. 30 Personen); für Schulen werden museumspädagogische Programme angeboten
Nächster Bahnhof:
Bahnhof Adelschlag, 85111 Adelschlag, Tel.: 0800/1507090

Römischer Haustierpark bei der Villa rustica (Abb. 103)
Zu sehen:
Langhornige Rinder, Fjordpferde, Esel, Wollschweine, Schwarznasenschafe, Walliser Ziegen, Damhirsche, Hühner und Hunde
Hintergrund:
Die Tierstämme entsprechen dem Aussehen nach den Abbildungen auf römischen Reliefs und Knochenfunden.

Abb. 103: Möckenlohe, Villa rustica, Bäuerliches Erntefest: Pflügen mit Ochsen und nachgebautem römischem Pflug. Foto: R. Hager

Bäuerliche Erntefest in der Villa Rustica in Möckenlohe
Termin:
Jährlich am 1. Wochenende im August
Programm:
Sa. ab 14 Uhr: besondere Kinderaktivitäten; So., 14 Uhr: römisch-bäuerlicher Festzug, Vorführung der Erntemaschinen, Alamannenüberfall; an beiden Tagen römisches Markttreiben und Planwagenfahren

Verein Römervilla Möckenlohe e. V.
1. Vorsitzender: Michael Donabauer, Tauberfelder Weg 1, 85111 Möckenlohe, Tel. 08424/277; Email: donabauer@roemervilla-moeckenlohe.de

Unterstützung der Villa Rustica Möckenlohe
Mit einem Jahresbeitrag von 11,– € können Sie mithelfen, die Kultur unserer Region zu erforschen, zu erhalten und museal zu präsentieren. Vereinsmitglieder haben kostenlosen Eintritt in die Villa Rustica.

Literatur

Andrzejowski, J./Rakowski, T, Romano-British Enamelled Vessels from a female Grave from Jartpory, Eastern Poland. In: Voß. H.-U./Müller-Scheeßel, N. (Hrsg.), Archäologie zwischen Römern und Barbaren. Zur Datierung und Verbreitung römischer Metallarbeiten des 2. und 3. Jahrhunderts n. Chr. Im Reich und im Barbaricum-ausgewählte Beispiele (Gefäße, Fibeln, Bestandteile militärischer Ausrüstung, Kleingerät, Münzen). Internationales Kolloquium Frankfurt am Main 19.-22. März 2009. Römisch-Germanische Kommission des Deutschen Archäologischen Instituts gemeinsam mit der Goethe-Universität Frankfurt a. M., Institut für Archäologische Wissenschaften, Abteilung II, Archäologie und Geschichte der römischen Provinzen sowie Hilfswissenschaften der Altertumskunde (Bonn 2016) 309-320.

Baatz, D., Die Wassermühle bei Vitruv X 5,2. Ein archäologischer Kommentar. Saalburg-Jahrb. 48, 1995, 5-18.

Batke, M.-Ch./Bender, H./Bloier, M./Federhofer, E./A./Schaflitzl, A., Das römische Materialdepot von Essenbach-Ammerbreite II, Landkreis Landshut, Niederbayern. Ostbair. Grenzmarken. Passauer Jahrb. 46, 2004, 19–65.

Bender, H., Agrargeschichte Deutschlands in der römischen Kaiserzeit innerhalb der Grenzen des Imperium Romanum. In: F. W. Henning (Hg.) Deutsche Agrargeschichte. J. Lüning, A. Jockenhövel, H. Bender, T. Capelle. Vor– und Frühgeschichte (Stuttgart 1997) 263 – 374. – Ders., Bauliche Gestaltung und Struktur römischer Landgüter in den nordwestlichen Provinzen des Imperium Romanum. In: Herz/Waldherr 2001, 1–40. – Ders./Wolff, H. (Hg.), Ländliche Besiedlung in den Rhein-Donau-Provinzen des römischen Reiches. Passauer Universitätsschriften zur Archäologie 2 (1994).

Christlein, R./Braasch, O., Das unterirdische Bayern. 2000 Jahre Geschichte und Archäologie im Luftbild (Stuttgart 1982).

Czysz, W., Der römische Gutshof in München-Denning und die römerzeitliche Besiedlung der Münchner Schotterebene. Kataloge der Prähist. Staatsslg. 16, 1974. – Ders., Das Leben auf dem Lande. In: Die Römer in Schwaben. Arbeitshefte d. Bayer. Landesamts f. Denkmalpflege 27 (München 1985) 164–182. Ders., Situationstypen römischer Gutshöfe im Nördlinger Ries. Zeitschr. d. Hist. Vereins für Schwaben 72, 1978, 70 ff. – Ders./Endres, W., Archäologie und Geschichte der Keramik in Schwaben. Neusäßer Schrigten Band 6 (Neusäß 1988). – Ders./Dietz, Kh./Fischer, Th./Kellner, H.-J., Die Römer in Bayern (1995). – Ders./Faber, A. u. a., Der römische Gutshof von Nördlingen-Holheim, Landkreis Donau-Ries. Ber. d. Bayer. Bodendenkmalpflege 45/46 2004/2005, 45–172. – Ders./Faber, A. u. a., Die *villa rustica* am Kühstallweiher bei Marktoberdorf-Kohlhunden. Ber. Bayer. Bodendenkmalpflege 49, 2008, 227–365. – Ders., Zwischen Stadt und Land-Gestalt und Wesen römischer *Vici* in der Provinz Raetien. In: Heising, A. (Hrsg.) Neue Forschungen zu zivilen Kleinsiedlungen (*vici*) in den römischen Nordwest-Provinzen. Akten der Tagung Lahr 21.-23. 10. 2010 (Bonn 2013) 261-377. – Ders., Germanen im Ries – Eine Ausgrabung in einer Siedlung der Landnahmezeit (4./5. Jahrhundert n. Chr.) im unteren Wörnitztal bei Ebermergen. Rieser Kulturtage, Dokumentation XX/2014 (Nördlingen 2014) 65-84.- Ders., mit einem Beitr. Von U. Maier, Die römische Darre von Möttingen im Ries. Eine Studie zur landwirtschaftlichen Funktionsarchitektur in Raetien. Ber. Bayer. Bodendenkmalpflege 57, 2016, 195–232. – Ders., Römische und frühmittelalterliche Wassermühlen im Paartal bei Dasing. Studien zur Landwirtschaft des 1. Jahrtausends. Materialhefte z. bayer. Arch. 103 (Kallmünz 2016).

Dannheimer, H./Dopsch, H. (Hg.), Die Bajuwaren. Von Severin bis Tassilo 488–788 (2. Aufl. Salzburg 1988).

Deininger, B., Der römische Gutshof „An der Brunnstube" im Westen von Regensburg. In: Beitr. Z. Arch. in d. Oberpfalz und Regensburg 11, 2015, 203–242.

Diepolder, G., Aschheim im frühen Mittelalter, ortsgeschichtliche, Siedlungs- und flurgenetische Beobachtungen. Bd. II von Dannheimer, H./Diepolder, G., Aschheim im frühen Mittelalter, MBV 32 (München 1988).

Dietz, K./Fischer, Th., Die Römer in Regensburg (Regensburg 1996).

Eschbaumer, P., Nassenfels in römischer Zeit. In: Nassenfels. Beiträge zur Natur- und Kulturgeschichte des mittleren Schuttertales (Kipfenberg1986), 107–140.

Federhofer, E., Der Ziegelbrennofen von Essenbach, Lkr. Landshut und Römische Ziegelöfen in Raetien und Noricum. Untersuchungen zu Befunden und Funden zum Produktionsablauf und zur Typologie. PUA 11 (Rahden/Westf. 2007).

Fischer, Th., Archäologischer Kommentar zu: Burghart Schmidt/W. Gruhle, Mögliche Schwankungen von Getreideerträgen – Befunde zur Rheinischen Linearbandkeramik und römischen Kaiserzeit. Mit archäologischen Kommentaren von A. Zimmermann und Th. Fischer. Arch. Korr. Bl. 35, 2005, 301–316. – Ders., Das Umland des römischen Regensburg. MBV 43 (1990). – Ders., Hunting in the Roman period. In: O. Grimm/U. Schmölcke (Hrsg.), Hunting in northern Europe until 1500 AD. Schr. d. Arch. Landesmus. Ergänzungsreihe 7 (Neumünster 2013) 259–265. – Ders., Im Boden lesen. Moderne Prospektionsmethoden in der Archäologie. In: Kosmos der Zeichen. Schriftbild und Bildformel in Antike und Mittelalter. ZAKMIRA – Schriften 5 (2007) 343–358. – Ders., Römische Landwirtschaft in Bayern, In: Bauern in Bayern. Von den Anfängen bis in die Römerzeit. Katalog des Gäubodenmuseums Straubing 19 (1992), 229–275. Wiederabgedruckt in: Bender, H./Wolff, H. (Hg.), Ländliche Besiedlung in den Rhein-Donau-Provinzen des römischen Reiches. Passauer Universitätsschriften zur Archäologie 2 (1994), 267–300. – Ders., Zur ländlichen Besiedlung der Römerzeit im Umland von Regensburg. In: Bauern in Bayern. Von den Anfängen bis in die Römerzeit. Katalog des Gäubodenmuseums Straubing 19 (1992), 230 f. Wiederabgedruckt in: Bender, H./Wolff, H. (Hg.), Ländliche Besiedlung in den Rhein-Donau-Provinzen des römischen Reiches. Passauer Universitätsschriften zur Archäologie 2 (1994), 301–308. – Ders., Die römischen Provinzen. Eine Einführung in ihre Archäologie (Stuttgart 2001). – Ders., Noricum (2002). – Ders., Die Villa rustica im Rhein-Donau-Raum. Überlegungen zur Genese einer Siedlungsform. Studijné Zvesti Archg. Ústavu Slovenskej Akadémie Vied 36 (Nitra 2004) 195–202. – Ders., Ländliche Siedlungen in den Nordwestprovinzen des Imperium Romanum. In: Schörner, H. (Hg.), Leben auf dem Lande. „Il Monte" bei San Gimiliano: Ein römischer Fundplatz und sein Kontext (Wien 2013) 323–330. – Ders./Riedmeier-Fischer, E., Der römische Limes in Bayern (2. Aufl. Regensburg 2017).

Flach, D., Römische Agrargeschichte, Handb. d. Altertumswiss. 3, 9 (München 1990).

Franziß, F., Bayern zur Römerzeit. Eine historisch-archäologische Forschung (Regensburg u. a. 1905).

Fries-Knoblach, J., Keltische und römische Pflüge im römischen Raetien. Zeitschr. Hist. Ver. Schwaben 90, 1997, 7–30.

Gaitzsch, W., Eiserne römische Werkzeuge. BAR Int. Ser. 78 (Oxford 1980).

Garbsch, J., Römischer Alltag in Bayern. In: Bayerische Handelsbank AG 1869–1994 (München 1994). – Ders., Tiere der Römerzeit in Bayern. In: Garbsch 1994, 315–340.

Grabert, W./Hüssen, C.-M./Koch, H., Die Villa rustica von Treuchtlingen-Weinberghof. Internat. Archäologie 13 (Buch am Erlbach 1993).

Grünewald, M., Studien zur Herkunft der Bevölkerung in Raetien am Beispiel der frühen römischen Bestattungen von Günzburg. In: Grabgerr, G./Kainrath, B./Kopf, J./Oberhofer, K. (Hrsg.), Der Übergang vom Militärlager zur Zivilsiedlung. Akten d. Int. Symposiums vom 23.–25. Oktober 2014 in Innsbruck. IKARUS 10 (Innsbruck 2016), 171–191.

Gummerus, H., Der römische Gutsbetrieb als wirtschaftlicher Organismus nach den Werken des Cato, Varro und Columella. Clio Beih. 5 (1906), Nachdr. 1963.
Heigl, J., Die römische Villa Rustica Möckenlohe. Kultur unseres Landes vor 1900 Jahren (Kipfenberg 1993).
Haas, J., Die Umweltkrise des 3. Jhs. n. Chr. im Nordwesten des Imperium Romanum. Interdisziplinäre Studien zu einem Aspekt der allgemeinen Reichskrise im Bereich der beiden Germaniae, der Belgica und der Raetia. Geogr. Hist. 22 (Stuttgart 2006).
Henning, J., Südosteuropa zwischen Antike und Mittelalter. Archäologische Beiträge zur Landwirtschaft des 1. Jahrtausends u. Z. Schr. z. Ur- u. Frühgesch. 42 (1987). – Ders., Zur Datierung von Werkzeug- und Agrargerätefunden im germanischen Landnahmegebiet zwischen Rhein und Donau. Jahrb. RGZM 32, 1985, 570 ff.
Herz, P./Waldherr, G. (Hg.) Landwirtschaft im Imperium Romanum. Pharos 14 (St. Katharinen 2001).
Hüssen, C.-M., Römische Okkupation und Besiedlung des mittelraetischen Limesgebietes. 71. Bwr. RGK, 1990, 5-22. - Ders./Litzel, J., Die römische Mühle im Landgut von Etting, Flur Zellau. Arch. Jahr Bayern 1998, 73–75.
Jütting, I., Die römische Villa rustica auf dem Gelände des Bezirksklinikums Regensburg. In: 1000 Jahre Kultur in Karthaus-Prüll (Regensburg 1997) 156–163.
Kainrath, B., Die römische Villa von Unterbaar, mit einem Beitrag von Gabriele Sorge. Bayer. Vorgesch. Bl. 63, 1998, 111–165.
Körber-Grohne, U., Nutzpflanzen in Deutschland. Kulturgeschichte und Biologie (Stuttgart 1987).
Kokabi, M., Arae Flaviae II. Viehhaltung und Jagd im römischen Rottweil. Forsch. u. Ber. zur Vor- und Frühgesch. in Baden-Württemberg 13 (Stuttgart 1982).
Krahe, G./Zahlhaas, G., Römische Wandmalereien in Schwangau, Lkr. Ostallgäu. Materialhefte Bayer. Vorgesch. A43 (Kallmünz 1984).
Lenz, K. H., Villae rusticae: Zur Entstehung dieser Siedlungsform in den Nordwestprovinzen des römischen Reiches. Kölner Jahrb. 31, 1998, 49 ff.
Menghin, W., Frühgeschichte Bayerns (Stuttgart1990).
MBV: Münchner Beiträge zur Vor- und Frühgeschichte
Meurers-Balke, J./Kaszab-Olschewski, T., (Hrsg.), Grenzenlose Gaumenfreuden. Römische Küche in einer germanischen Provinz (Mainz 2010).
Mackensen, M., Cambidanum- Eine spätrömische Garnisonsstadt an der Nord-Westgrenze der Provinz Raetia Secunda. In: Weber, G. (Hrsg.), Cambodunum-Kempten. Erste Hauptstadt der römischen Provinz Raetien (Mainz 2000).
Moosbauer, G., Die ländliche Besiedlung im östlichen Raetien während der römischen Kaiserzeit, Stadt- und Landkreise Deggendorf, Dingolfing-Landau, Passau, Rottal-Inn, Straubing und Straubing-Bogen. Passauer Universitätsschriften zur Archäologie 4 (1997). – Ders., Das römische Ostraetien: Neue Forschungen zu Militärlagern und Gutshöfen. In: Vortr. D. 21. Niederbayerischen Archäologentags (Rahden/Westf. 2003) 247–293. – Ders., Handwerk und Gewerbe in den ländlichen Siedlungen Raetiens vom 1. bis zum 4. Jh. n. Chr. In: M. Polfer (Hg.), Artisanat et productions artisanales en milieu rural dans les provinces du nord-oest de l'empire romain. Actes du colloque organisé à Er-

peldange (Luxembourg) les 4 et 5 mars 1999 par le Séminaire d'Etudes Anciennes du Centre Universitaire de Luxembourg et Instrumentum. Monographies Instrumentum 9 (Montagnac 1999) 217–234. – Ders., Römische Landwirtschaft in Bayern. In: Bonk, S./Schmid, P. (Hg.) Bayern unter den Römern. Facetten einer folgenreichen Epoche. (Regensburg 2009) 143–160.

Nenninger, M., Die Römer und der Wald (Wiesbaden 2001).

Nuber, H. U., Eine Grablege reicher Landbesitzer in Wehringen. In: Wamser, L. (Hg.) Die Römer zwischen Alpen und Nordmeer. Zivilisatorisches Erbe einer europäischen Militärmacht. Katalog z. Ausst. im Lokschuppen Rosenheim 2000 (Mainz 2000) 166–170.

Peters, J., Römische Tierhaltung und Tierzucht. Eine Synthese aus archäozoologischer Untersuchung und schriftlich-bildlicher Überlieferung. PUA 5 (Rahden/Westfalen 1998).

Pfahl, S. E./Reuter, M., Waffen aus römischen Einzelsiedlungen rechts des Rheins. Ein Beitrag zum Verhältnis von Militär- und Zivilbevölkerung im Limeshinterland. Germania 74/1, 1996, 119–167.

Picker, A., Die Villa Rustica von Oberndorf am Lech. Materialhefte z. bayer. Arch. 102 (Kallmünz 2015).

Pietsch, M., Die römischen Eisenwerkzeuge von Saalburg, Feldberg und Zugmantel. Saalburg-Jahrb. 39, 1983, 5–132. – Ders., Ganz aus Holz. Römische Gutshöfe in Poing bei München – mit einem Anhang römischer Zaungräbchen. In: Seitz, G. (Hg.), Im Dienste Roms. Festschr. für Hans-Ulrich Nuber (Remshalden 2006) 339–349.

Pohanka, R., Die eisernen Agrargeräte der römischen Kaiserzeit in Österreich. Studien zur römischen Agrartechnologie in Raetien, Noricum und Pannonien. BAR Int. Ser. 298 (Oxford 1986).

PUA: Passauer Universitätsschriften zur Archäologie.

Riedl, H., Ausgrabungen in der römischen Villa von Peiting, Ldkr. Weilheim-Schongau. Bayer. Vorgesch. Bl. 50, 1985, 483-486.

Rosenstein, G., Römische Gläser aus der Villa rustica von Möckenlohe, Lkr. Eichstätt. Bericht der bayerischen Bodendenkmalpflege 53, 2012, 231–253.

Schaflitzl, A. A., Der römische Gutshof von Möckenlohe, Lkr. Eichstätt. Magisterarbeit Passau 1988. – Ders., Der römische Gutshof von Möckenlohe, Lkr. Eichstätt. Bericht der bayerischen Bodendenkmalpflege 53, 2012, 85–229. – Ders., Verspielte Römer. Zu zwei römischen Spielbrettern aus dem Landkreis Eichstätt. Sammelbl. Hist. Verein Ingolstadt 121, 2012, 9–20. – Ders., Ein Sandkasten zum Einschlagen von Wurzelgemüse: Nahrungsmittelkonservierung im privaten Bereich am Beispiel der villa rustica von Möckenlohe. In: Drauschke, J./Prien, R./Reis, A. (Hg.), Küche und Keller in Antike und Frühmittelalter. Tagungsbeiträge der Arbeitsgemeinschaft Spätantike und Frühmittelalter. 7. Produktion, Vorratshaltung und Konsum in Spätantike und Frühmittelalter. Gemeinsame Tagung mit der Arbeitsgemeinschaft Römische Archäologie (Friedrichshafen, 30. Mai–1. Juni 2012) (Hamburg 2014)117–132.

Schmidt, B./Gruhle, W., Mögliche Schwankungen von Getreideerträgen-Befunde zur Rheinischen Linearbandkeramik und römischen Kaiserzeit. Mit archäologischen Kommentaren von A. Zimmermann und Th. Fischer. Arch. Korr. Bl. 35, 2005, 301–316.

Schmid, G., Die Besiedlung östlich des Lech im Landkreis Augsburg-Friedberg während der römischen Kaiserzeit. Augsburger Beitr. Arch. 5 (Augsburg 2008).

Schnetz, M., Die Villa rustica von Regensburg-Harting. In: Ber. Bayer. Bodendenkmalpflege 54, 2013, 45–143.

Schubert, T., „Pars fructuaria". Studie zu Nebengebäuden mit Speicherfunktion auf römerzeitlichen Villen im Tagebaugebiet Hambacher Forst (Hamburg 2016).

Sommer, C. S., Hoch und immer höher – Zur dritten Dimension römischer Gebäude in Obergermanien. In: Gogräfe, R./Kell, K. (Hg.) Haus und Siedlung in den römischen Nordwestprovinzen. Grabungsbefund, Architektur und Ausstattung. Forsch. im röm. Schwarzenacker 4 (Homburg/Saar 2002) 47–61. – Ders., Futter für das Heer: Villae rusticae, ländliche Siedlungsstellen und die Versorgung der römischen Soldaten in Raetien. In: Palatinus Illustrandus (Mainz/Ruhpolding 2013) 134–144.

Sorge, G., Die römische Villa suburbana von Friedberg bei Augsburg. Bayer. Vorgesch. Bl. 64, 1999, 195–326. – Ders., Die Tierknochen aus der Villa rustica von Möckenlohe, Lkr. Eichstätt. Bericht der bayerischen Bodendenkmalpflege 53, 2012, 255–258.

Steidl, B., Veteranen in Raetien. Zur Bevölkerung des Limesgebietes auf Grundlage der Militärdiplome (mit einer Liste der Diplome aus und für Raetien). In: Henrich, P./Miks, Ch./Obmann, J./Wieland, M. (Hg.), NON SOLUM ... SED ETIAM. Festschr. Für Thomas Fischer zum 65. Geburtstag (Rahden/Westf. 2015) 415–426. – Ders., Römer und Germanen am Main (Obernburg am Main 2016).

Stephan, E., Haus- und Wildtiere. Haltung und Zucht in den römischen Provinzen nördlich der Alpen. In: Imperium Romanum. Roms Provinzen an Neckar, Rhein und Donau. Hrsg. Vom Archäologischen Landesmuseum Baden-Würtemberg (Stuttgart 2005) 294-300.

Stika, H.-P, Cultura. Acker-, Garten- und Obstbau. In: Imperium Romanum. Roms Provinzen an Neckar, Rhein und Donau. Hrsg. Vom Archäologischen Landesmuseum Baden-Würtemberg (Stuttgart 2005) 290–293.

Struck, M., Römische Grabfunde und Siedlungen im Isartal bei Ergolding, Landkreis Landshut. Materialh. Bayer. Vorgesch. A 71 (1996).

Traxler, S., Römische Guts- und Bauernhöfe in Oberösterreich. Passauer Universitätsschriften zur Archäologie, Band 9 (2004).

Trumm, J., Zentralgeleitete ländliche Baukultur? – Bemerkungen zu einem Haustyp im römischen Südwestdeutschland. In: Wamser, L./ Steidl, B. (Hg.), Neue Forschungen zur römischen Besiedlung zwischen Oberrhein und Enns. Kolloquium Rosenheim 14.–16. Juni 2000. Schgriftenreihe Arch. Staatsslg. 3 (Remshalden-Grunbach 2002) 97–108.

Wendt, K. P./Zimmermann A., Bevölkerungsdichte und Landnutzung in den Germanischen Provinzen des römischen Reiches im 2. Jh. n. Chr. Ein Beitrag zur Landschaftsarchäologie. Germania 86, 2008 (2009) 191–226.

Winghart, S., Bemerkungen zu Genese und Struktur frühmittelalterlicher Siedlung im Münchner Raum. In: Kolmer, L./Segl, P. (Hrsg.), Tegensburg, Bayern und Europa. Festschr. F. Kurt Reindel zu seinem 70. Geburtstag (Regensburg 1995) 7-47.